창의력을 채우는 채우는 놀이수학

도형편

창의력을 채우는 놀이 수학_도형편

지은이 장지은
펴낸이 임상진
펴낸곳 (주)넥서스

초판 1쇄 발행 2022년 1월 3일
초판 6쇄 발행 2022년 2월 25일

출판신고 1992년 4월 3일 제311-2002-2호
10880 경기도 파주시 지목로 5
Tel (02)330-5500 Fax (02)330-5555
ISBN 979-11-6683-195-9 63410

www.nexusbook.com
www.nexusEDU.kr/math

엄마랑 놀면서 키우는 수학 자신감

창의력을 채우는 놀이수학

도형편

장지은 지음

제목

 [마음껏 제목을 지어 보아요.]

이름 _____

날짜 _____

저자의 말

최근 크게 주목받고 있는 과학 기술에 대한 학습과 컴퓨팅 사고력의 기저에는 수학이 단단하게 자리를 잡고 있습니다. 수학 교육 또한 개인의 창의성을 발휘하며 사고력을 향상하는 방식으로 나아가고 있습니다. 그러나 많은 양의 수학 문제집과 학습지에 치이며 수학을 어려워하고 싫어하는 초등학생들을 보면 안타까운 마음이 듭니다. 혹은 취학 전부터 정해진 답을 빠르게 찾는 훈련을 하며 수학에 대한 흥미를 잃어 가는 유아들을 보면 가슴이 아픕니다. 수학 문제집과 학습지가 나쁘다는 것은 아닙니다. 모든 미래 교육은 탄탄한 기초 학습을 전제로 하므로 분명히 꾸준한 훈련이 필요합니다.

하지만 미취학과 초등 저학년에는 다양하고 구체적인 조작 활동을 통해서 추상적인 수학의 개념을 이해하는 것이 병행되어야 합니다. 손으로 생각할 수 있는 기회를 제공하는 것이 가장 주목받는 미래 교육의 방법입니다. 아이들이 직접 손으로 만들며 자유롭게 탐색해 보고, 글로 쓰고 그림으로 그려 보게 하세요. 머리로만 학습하는 과거의 교육 방식을 떠나 몸으로 익히는 교육을 선물해 보세요. 이러한 교육 방법을 통해 어린이들의 관심과 흥미가 열리고, 수학에 대한 진짜 재미를 느낄 수 있을 겁니다.

이 책은 학부모와 교사가 가장 쉽고 빠르게 조작적 활동을 실천해 볼 수 있도록 구성했습니다. 특별한 추가 교구 없이도 손으로 체험하는 융합 놀이를 지원할 수 있도록 다양한 전략과 자료들을 알차게 담았습니다. 또한 이 책은 놀이 활동을 통해 수학의 개념을 학습하고 실생활에 적용하며 놀이를 확장하는 방법, 그리고 수학을 만난 예술가를 추가로 소개하였습니다. 수학을 만난 예술 작품들을 감상하고 그에 대한 이야기를 들어 보면서 우리의 삶 속 어디에나 있는 수학을 발견하고 만날 수 있는 융합 교육을 설계하였습니다. 또한 철저한 초등 교과 분석을 통해서 초등 도형의 핵심 개념을 점진적으로 구조화하여 설계하였습니다. 따라서 놀이를 통해 초등수학의 기초 체력을 자연스럽게 완성하고, 흩어진 도형의 개념을 유기적으로 이해할 수 있게 됩니다.

이 책에 소개된 재미있는 놀이와 만들기로 어린이들이 수학과 친해져서, 수학에 대한 두려움의 장벽을 낮추고 관심과 흥미를 높이는 기회가 되기를 희망합니다.

장 지은

구성 및 특징

개념 이해해 보아요

도형의 개념에 대해 흥미와 호기심을 갖고 생각해 보는 활동을 해요. 또한 개념과 원리를 추측하고 표현해 보는 과정에서 수학적 성질을 깨우칠 수 있어요. 본격적으로 개념을 이해하기 위해 기초적인 내용을 파악하기 좋은 단계예요.

체험 만들어 보아요

구하기 쉬운 간단한 재료로 만들기를 하면서 개념과 문제 해결 과정을 눈으로 확인할 수 있어요. 스스로 만지거나 그려 보며 원리를 이해하는 것이 중요하며, 수학적 개념 형성에 큰 도움이 돼요. 성공적인 문제 해결 경험을 통해 수학적 지식을 확실하게 이해할 수 있고, 의사소통 및 비판적·창의적 사고를 할 수 있는 능력을 기를 수 있어요.

확장 더 알아보아요

개념을 실생활에 적용하며 한 단계 더 나아가거나 다른 놀이를 통해 개념을 확장할 수 있어요. 여러 가지 방법으로 문제를 해결할 수 있다는 것을 배우고, 답은 하나로 정해져 있지 않다는 것을 알게 되며 창의사고력을 기를 수 있어요.

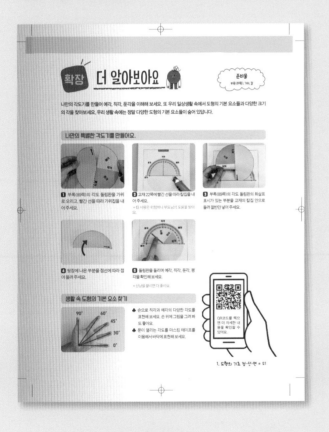

융합 읽어 보아요

융합 교육이 강조되는 시기에 적합한 내용들로 가볍게 읽고 배우기 좋은 단계예요. 수학이 예술이나 삶 속에서 어떻게 융합되어 쓰이는지 보면서 수학의 필요성과 유용성을 느낄 수 있어요.

영상으로 보기

QR코드를 스캔하여 놀이 활동을 확인하세요. 놀이별 활동 영상이나 사진을 보면, 어떤 방법으로 놀면 되는지 이해하기 쉬워요.

저자가 제안하는 교재 100% 활용법

이 책은 놀이 방식을 적용하여, 수학을 익힐 수 있도록 많은 시간 고민하고 연구한 교재예요. 이 책을 활용하는 방법은 두 가지 정도로 나누어 추천해 드릴 수 있어요. 하나는 완전한 놀이의 형식으로, 책이 아닌 활동지와 카드 그리고 놀이를 통해 활동하는 방식이에요. 또 다른 방식은 우리 아이의 소중한 놀이와 학습의 기록을 한 권의 책으로 보관할 수 있는 방식이에요. 책의 형태를 유지하면서 다양한 놀이 활동을 진행할 수 있어요. 아래의 자세한 설명을 보시고 아이의 성향에 따라 맞춤형으로 활용해 보세요.

1. 놀이와 게임

미취학 아동, 학습지 거부하는 어린이 추천

이 책에 있는 모든 활동은 오려서 사용할 수 있어요. 가위 표시가 된 부분을 오리면 다양한 카드와 활동지가 만들어져요. 학습지와 문제집이 연상되는 책의 형태를 떠나 낱장의 카드와 활동지를 통해서 가볍고 재미있게 학습할 수 있도록 길을 열어 주세요. 활동 방법을 설명하는 부분은 먼저 부모님 또는 선생님께서 충분하게 숙지해 주시고 아이와 즐겁게 활동해 주시면 돼요. 완전한 놀이와 게임으로 접근하는 이 활용법은 미취학 유아에게 가장 추천하는 방법이지만, 취학 아동에게도 좋은 활동입니다. 특히 학습지와 문제집 풀이에 거부감이 있는 어린이들과 재미있는 놀이로 수학의 길을 열어 주고자 하는 부모님에게 추천해요.

다양한 카드와 활동지는 한 번의 활동 후 버리지 마시고, 파일 또는 투명 상자에 보관해서 두고두고 사용해 보세요. 초등 교과서는 나선형 학습 방식으로 설계되어 중학교까지 반복하며 점진적으로 내용이 심화돼요. 투명 클리어 화일에 보관하시면 보드 마카와 물티슈를 사용해서 썼다 지웠다 하며 반복 학습을 하실 수 있어요.

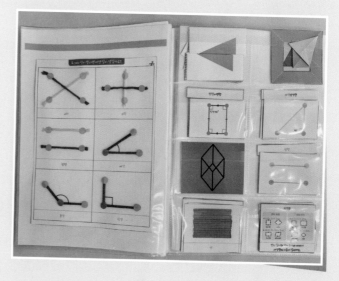

♣ 놀이 카드 활용하기 ♣

1 도형 용어 익히기

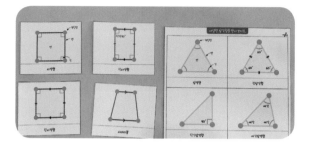

도형의 그림과 이름을 함께 익혀요. 이때 뜻과 함께 도형의 그림과 이름을 연결하여 이해할 수 있도록 해요.

2 도형 용어 맞히기

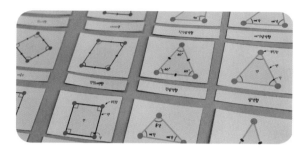

도형의 이름이 없는 상태에서 도형의 그림만 보고 이름을 맞혀 보는 활동을 해요. 게임 활동을 통해 도형의 이름을 더욱 재미있게 배워요.

3 도형 용어와 뜻 맞히기

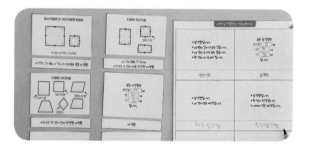

도형의 뜻만 보고 이름을 맞혀 보세요. 잘 기억 나지 않는다면 뒷면의 도형 그림 힌트를 사용해도 괜찮아요. 부모님 또는 선생님이 뜻을 읽어 주고, 이름을 맞히는 활동으로 대신해도 좋아요.

4 글로 쓰고, 직접 만들어 보기

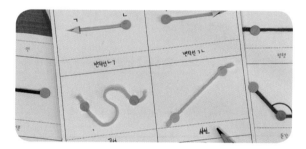

도형의 이름을 말해 보고, 글씨로 써 보고, 직접 만들어 보세요. 다양한 감각을 통해 몸으로 익히며 학습하면 더욱 깊이 있게 이해하고, 오래 기억할 수 있어요.

2. 우리 아이의 도형 사전

취학 아동 추천

이 책에 있는 모든 활동은 오리지 않아도 책 그대로 사용할 수 있어요. 오리는 것이 꼭 필요한 활동은 모두 부록에 넣어 두었어요. 아이가 특별히 학습지에 대한 거부감이 없고, 낱장으로 돌아다니는 활동 자료들을 일일이 보관하는 것이 번거롭다면 책 그대로 아이의 소중한 도형 사전이 되도록 사용하실 수 있어요. 또한 활동 내용을 미리 숙지할 시간이 없는 부모님 또는 선생님께도 이 활용 방법을 추천해 드려요. 모든 활동의 설명은 아이들의 입장에서 친숙한 언어로 표현되어 있어요. 활동의 설명을 아이와 함께 읽거나 혹은 아이 스스로 읽고 활동할 수 있어요.

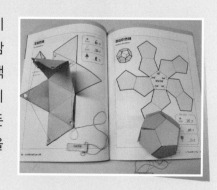

차 례

4. 평면도형 이동하기

5. 평면에서 입체로 확장하기

6. 입체도형 전개도

1. 도형의 기초 점·선·면

QR코드를 찍으면 더 자세한 내용을 확인할 수 있어요.

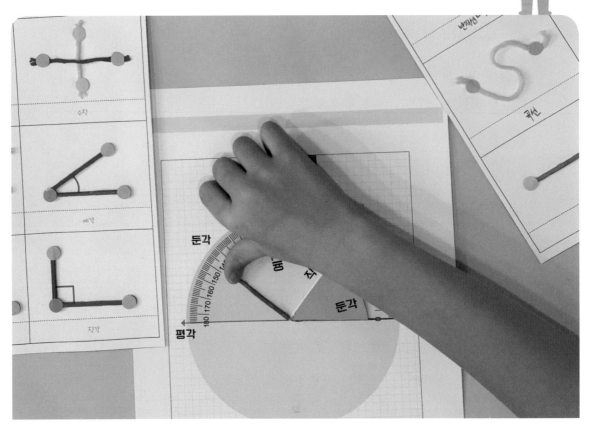

도형의 모양을 이루는 가장 기본 요소인 점, 선, 면에 대해 알아봐요. 점이 한 줄로 모여 움직인 자리는 선이 되고, 선이 움직인 자리는 면이 돼요. 선이 여러 개 겹쳐서 모여 표면을 만들거나, 선으로 둘러싸인 안쪽 부분을 면이라고 불러요. 선은 위치와 방향에 따라 선분, 직선, 반직선, 곡선 등 다양한 이름을 가지고 있어요. 우리는 다양한 이름의 선을 직접 그리고 표현해 볼 거예요. 또 곧은 선이 두 개 이상 만나면 새로운 각이 생겨요. 각은 크기에 따라 예각, 직각, 둔각 등 이름이 달라져요. 그럼 도형의 기본 요소들을 하나씩 탐색해 볼까요?

● 교과 내용 ●

핵심 개념	내용 요소	학년	성취 기준
점·선·면	■도형의 기초	3~4학년	• 직선, 선분, 반직선을 알고 구별할 수 있다. • 각과 직각을 이해하고, 직각과 비교하는 활동을 통하여 예각과 둔각을 구별할 수 있다. • 직선의 수직 관계와 평행 관계를 이해한다.

◆ **활동 설명** 도형의 기본 요소 알아보기

점이 한 줄로 모여 만들어진 선은 위치와 방향에 따라 이름이 다양해요. 또한 곧은 선이 두 개 이상 만나면 각이 생기는데, 각은 크기에 따라 부르는 이름이 달라져요. 아래 카드의 다양한 선과 각을 따라 그리고 이름을 따라 적어 보세요.

◆ **활동 카드** 위 설명을 읽고, 선과 각을 따라 그리고 이름을 따라 적어 보세요.

직선	선분	반직선	곡선
사선	평행선	교차	수직선
예각	직각	둔각	평각

체험 만들어 보아요

◆ **활동 설명** 도형의 기본 요소 표현해 보기

도형의 모양을 이루는 기본 요소들을 직접 손으로 표현해 봐요. 점으로는 스티커(129쪽)를 사용할 거예요. 선으로 사용할 수 있는 것을 주변에서 찾아보세요. 곧은 선을 표현하기 위해 이쑤시개 또는 성냥, 굽은 선을 표현하기 위해 털실 또는 모루 등을 사용하면 좋아요. 이런 재료가 모두 없다면 간단하게 색연필을 사용해도 문제없습니다. 앞 장의 개념 부분을 보면서 완성해 보세요.

◆ **활동 방법**

1️⃣ 스티커(129쪽)를 이용해서 점과 선을 표현하고 사인펜으로 면을 색칠해 보세요.

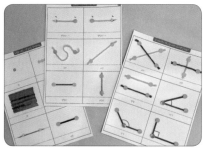

2️⃣ 이쑤시개와 털실(또는 색연필)을 이용해서 다양한 이름의 선을 표현하고 스티커(129쪽)를 붙여 고정해요.

＊ 색연필 외 재료를 사용할 때는 본드로 붙여 주세요.

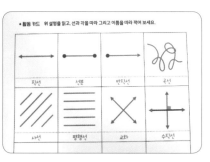

3️⃣ 어떻게 표현해야 할지 잘 모르겠다면 앞 장의 개념 부분에서 힌트를 얻어 보세요.

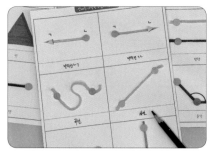

4️⃣ 도형의 기본 요소들의 이름을 따라 적어 보세요.

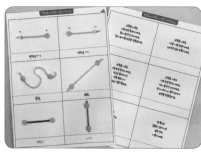

5️⃣ 카드 뒷장에는 자세한 설명이 나와 있어요. 꼼꼼하게 읽고 확인해 봐요.

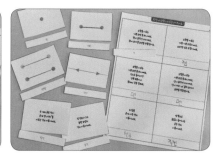

6️⃣ 설명 카드를 보고 도형 기본 요소의 이름을 맞혀 보고, 이름을 적어 보세요.

＊ 초등학생은 이름을 직접 써 보고, 미취학 어린이는 앞면의 이름 딱지를 사용하세요.

점	선
면	면
직선	선분

도형을 이루는
기본 모양 중 하나예요.
점이 움직인 자리예요.
점이 모여 '줄' 모양을 만들었어요.

도형을 이루는
가장 기본 모양이에요.
위치만 있는 도형이에요.

도형을 이루는
기본 모양 중 하나예요.
선으로 둘러싸인
안쪽 부분이나
물체의 겉을 말해요.

도형을 이루는
기본 모양 중 하나예요.
선이 움직인 자리예요.
선이 여러 개 겹쳐 모여서
표면을 만들었어요.

두 점을
곧게 이은 선의
이름이에요.

양쪽으로
끝없이 늘어나는
곧은 선의
이름이에요.

ㄱ   ㄴ   ㄱ   ㄴ

반직선 ㄴㄱ | 반직선 ㄱㄴ

곡선 | 사선

평행선 | 수직선

한 점, ㄱ 에서 시작해서
다른 한쪽으로
끝없이 늘어나는
곧은 선의 이름이에요.

한 점, ㄴ 에서 시작해서
다른 한쪽으로
끝없이 늘어나는
곧은 선의 이름이에요.

기울어진
곧은 선의
이름이에요.

구불구불
줄처럼 생긴
구부러진
선의 이름이에요.

일정한 직선이나 평면과
직각을 이루는
선이에요.

한 평면 위에서
아무리 양쪽으로 연장해도
서로 만나지 않는
두 직선을 말해요.

교차

수직

평행

예각

둔각

직각

곧은 두 선이 만나서
이루는 각이 직각인
모양을 말해요.

두 선이 서로 엇갈리거나
마주치는 모양을 말해요.

직각보다 작아
예리하고 뾰족한 모양인
각의 이름이에요.

두 개 이상의
곧은 선이 아무리 길게 늘려도
서로 만나지 않는
모양을 말해요.

두 개의 곧은 선이
곧게 만나 90°를
이루는 각의 이름이에요.

직각보다 크고
둔한 모양인
각의 이름이에요.

준비물
부록(89쪽), 가위, 칼

나만의 각도기를 만들어 예각, 직각, 둔각을 이해해 보세요. 또 우리 일상생활 속에서 도형의 기본 요소들과 다양한 크기의 각을 찾아보세요. 우리 생활 속에는 정말 다양한 도형의 기본 요소들이 숨어 있답니다.

나만의 특별한 각도기를 만들어요.

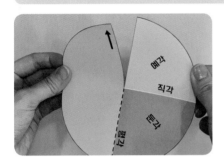

1 부록(89쪽)의 각도 돌림판을 가위로 오리고, 빨간 선을 따라 가위집을 내어 주세요.

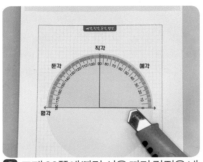

2 교재 22쪽에 빨간 선을 따라 칼집을 내어 주세요.

＊칼 사용은 위험하니 부모님의 도움을 받아요.

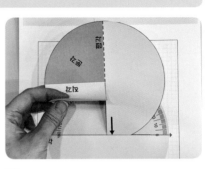

3 부록(89쪽)의 각도 돌림판의 화살표 표시가 있는 부분을 교재의 칼집 안으로 돌려 절반만 넣어 주세요.

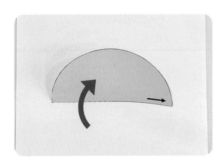

4 뒷장에 나온 부분을 점선에 따라 접어 올려 주세요.

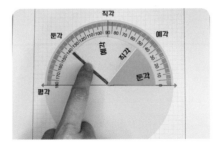

5 돌림판을 돌리며 예각, 직각, 둔각, 평각을 확인해 보세요.

＊성냥을 붙이면 더 좋아요.

생활 속 도형의 기본 요소 찾기

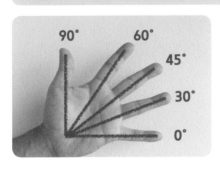

♣ 손으로 직각과 예각의 다양한 각도를 표현해 보세요. 손 위에 그림을 그려 봐도 좋아요.

♣ 문이 열리는 각도를 마스킹 테이프를 이용해서 바닥에 표현해 보세요.

QR코드를 찍으면 더 자세한 내용을 확인할 수 있어요.

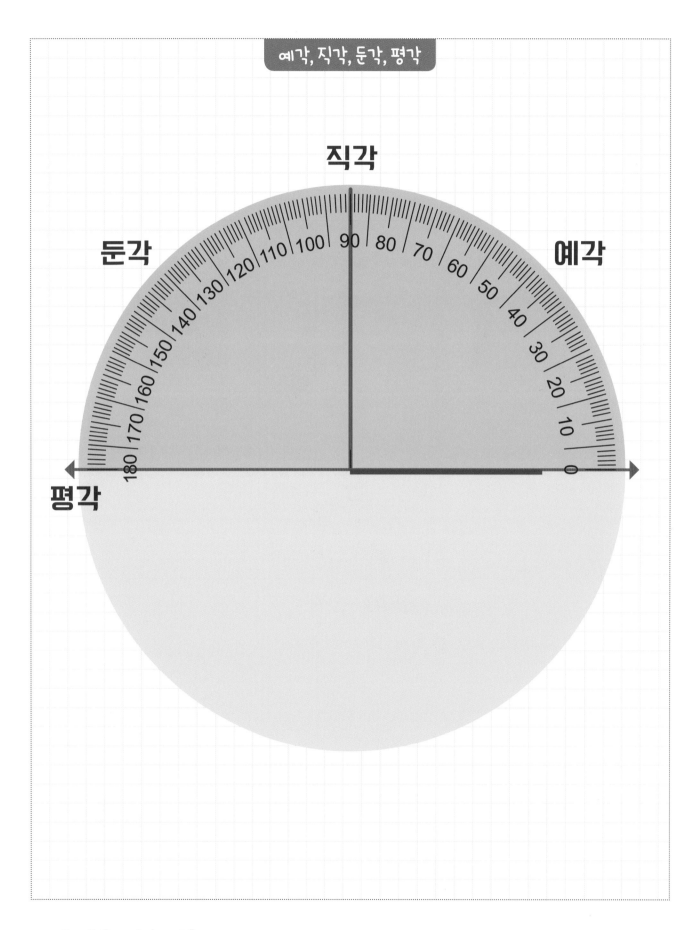

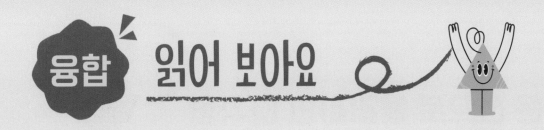

융합 읽어 보아요

이우환

처음으로 소개할 예술가 이우환은 한국의 근현대 미술사를 대표하는 작가입니다. 한국의 현대 미술을 세계에 알린 작가로 알려져 있어요. 이우환은 미술을 공부하기 위해 미대에 입학했지만, 6개월 만에 미술 공부를 그만두고, 철학을 다시 공부했어요. 그래서 이우환의 작품은 철학을 가득 담고 있어요.

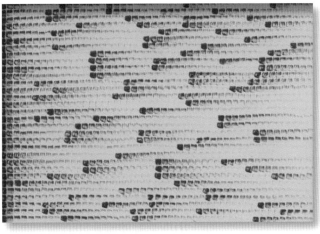

이우환의 대표적인 작품으로는 '점으로부터'와 '선으로부터'의 연작이 있어요. 이 작품들은 점을 시작으로 선으로 이어지고 면으로 펼쳐지는 작품이에요. 이우환은 점을 아주 중요한 요소로 생각했어요. 모양의 가장 기본 요소로 시작이자 끝이고 세상이라고 했죠. 리듬감 있는 점과 선이 캠퍼스의 면을 어떻게 채워 나가는지 감상해 보세요.

2. 곧은 선으로 둘러싸인 다각형

우리는 앞에서 점, 선, 각에 대한 놀이를 해 봤어요. 이번에는 점과 선을 이용해서 도형을 만들어 볼 거예요. 우리가 만들어 볼 도형의 이름은 '다각형'이에요. '다각형'이란 3개 이상의 곧은 선으로 둘러싸인 도형이에요. 선이 3개(셋, 삼)면 삼각형, 4개(넷, 사)면 사각형이 돼요. 이렇게 오각형, 육각형도 만들 수 있어요. 하지만 원은 곧은 선으로 둘러싸여 있지 않기 때문에 다각형이 아니에요. 또, 선으로 완전히 둘러싸여 있지 않고 벌어져 있는 것도 다각형이 아니에요. 우리는 이제 다각형의 점과 선을 부를 때 더욱 멋지게 점은 '꼭짓점'이라고 부르고, 선은 '변'이라고 부를 거예요. 다각형과 다양한 놀이를 시작해 볼까요?

● 교과 내용 ●

핵심 개념	내용 요소	학년	성취 기준
다각형	▪ 평면도형의 모양 ▪ 평면도형과 그 구성 요소	4학년	• 다각형의 의미를 안다. • 주어진 도형을 이용하여 여러 가지 모양을 만들 수 있다.

개념 이해해 보아요

◆ **활동 설명** 다각형의 개념 알아보기

1. 점선을 따라 곧은 선을 그려 보세요.

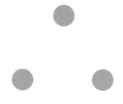

2. 오른쪽에는 스티커(129쪽)를 붙여 보세요.

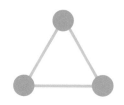

3. 곧은 선으로 점을 연결해 그려 보세요.

삼각형

4. 이름을 따라 써 보세요.

◆ **활동 카드** 위의 활동 설명을 보고, 아래 카드를 완성하세요.

✂

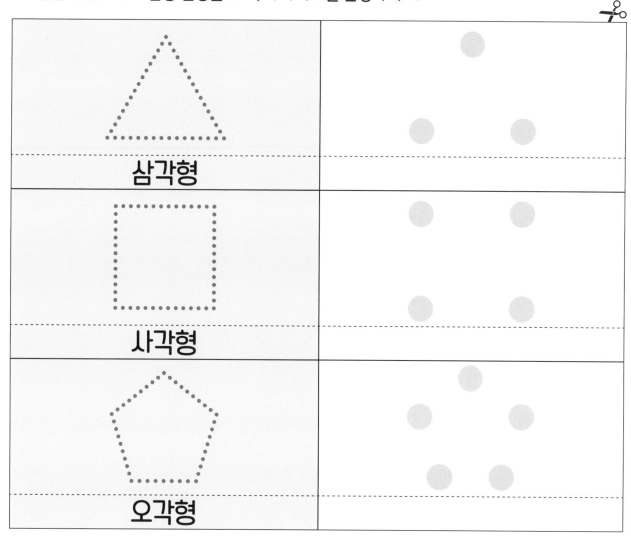

삼각형

사각형

오각형

개념

◆ **활동 설명**   다각형의 개념 알아보기

다각형은 여러 개의 곧은 선으로 둘러싸인 도형이에요. 3개(삼)의 곧은 선으로 둘러싸인 세모 모양은 '삼각형'이라고 부르고, 4개(사)의 곧은 선으로 둘러싸인 네모 모양은 '사각형'이라고 불러요. 그렇다면 5개(오)의 곧은 선으로 둘러싸인 도형의 이름은 무엇일까요? 맞아요. '오각형'이에요. 같은 방법으로 육각형, 칠각형도 곧은 선으로 만들 수 있어요. 다각형의 또 하나의 비밀은 곧은 선의 개수와 도형의 꼭지 부분에 있는 점의 개수가 같다는 것이에요. 즉, 선이 3개면 꼭짓점도 3개, 선이 5개면 꼭짓점도 5개라는 것을 알 수 있어요.

◆ **활동 카드**   도형의 특징을 읽고, 오른쪽 빈칸에 알맞은 다각형을 그리고 이름을 쓰세요.

다각형 중 하나로 3개의 곧은 선으로 둘러싸인 세모 모양의 도형이에요. 3개의 꼭짓점이 있어요.	
삼각형	
다각형 중 하나로 4개의 곧은 선으로 둘러싸인 네모 모양의 도형이에요. 4개의 꼭짓점이 있어요.	
사각형	
다각형 중 하나로 5개의 곧은 선으로 둘러싸인 도형이에요. 5개의 꼭짓점이 있어요.	
오각형	

체험 만들어 보아요

준비물
필기도구, 클레이(또는 플레이콘),
이쑤시개, 나무 꼬치

◆ **활동 설명** 여러 가지 다각형 만들기

다각형의 이름을 소리 내어 말해 보고, 꼭짓점과 변의 수를 세어 보세요. 그리고 글자로 적어 보며 다양한 감각을 활용해서 다각형을 익히는 활동을 할 거예요. 다각형을 직접 손으로 만들어 보면 도형을 다양한 감각으로 익힐 수 있어 더욱 좋아요. 여러 모양의 다각형을 직접 손으로 만들면서 다각형을 익혀 보세요. 다각형에 대해 이미 잘 알고 있는 친구들은 교재의 그림을 보면서 이름, 꼭짓점의 수, 변의 수를 적어 보세요.

◆ **활동 방법**

1 꼭짓점으로 클레이나 플레이콘을 활용하고, 변으로 이쑤시개를 활용할 수 있어요. 클레이를 동글게 말아 작은 볼을 만들고 이쑤시개로 연결해 보세요.

＊길이가 짧은 이쑤시개와 긴 나무 꼬치를 함께 준비하면 더욱 다양하게 만들어 볼 수 있어요.

2 클레이 대신 앵두 과자, 뻥튀기, 팝콘, 마시멜로, 젤리 등 먹는 것을 활용하면 더욱 재미있어요. 자유롭게 먹으면서 놀이해 보세요.

＊과자는 부스러기가 나올 수 있으니 바닥 깔개를 사용하면 좋아요.

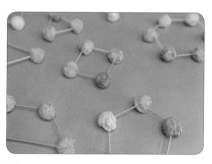

3 활동지(28~31쪽)의 다양한 다각형 그림을 보면서 점과 선을 연결해서 다양한 도형을 만들어 보세요.

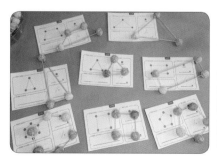

4 완성한 다각형은 교재 그림 위에 올려 두고 그림과 실물을 서로 비교하며 관찰해 보세요.

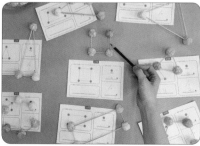

5 직접 만든 다각형 또는 교재의 그림을 보며 꼭짓점과 변의 개수를 세어 적어 봅니다.

＊다각형에서 점은 '꼭짓점', 선은 '변'이라고 불러요.

6 다각형의 이름을 소리 내어 말해 보고, 교재에 글자로 써 보세요.

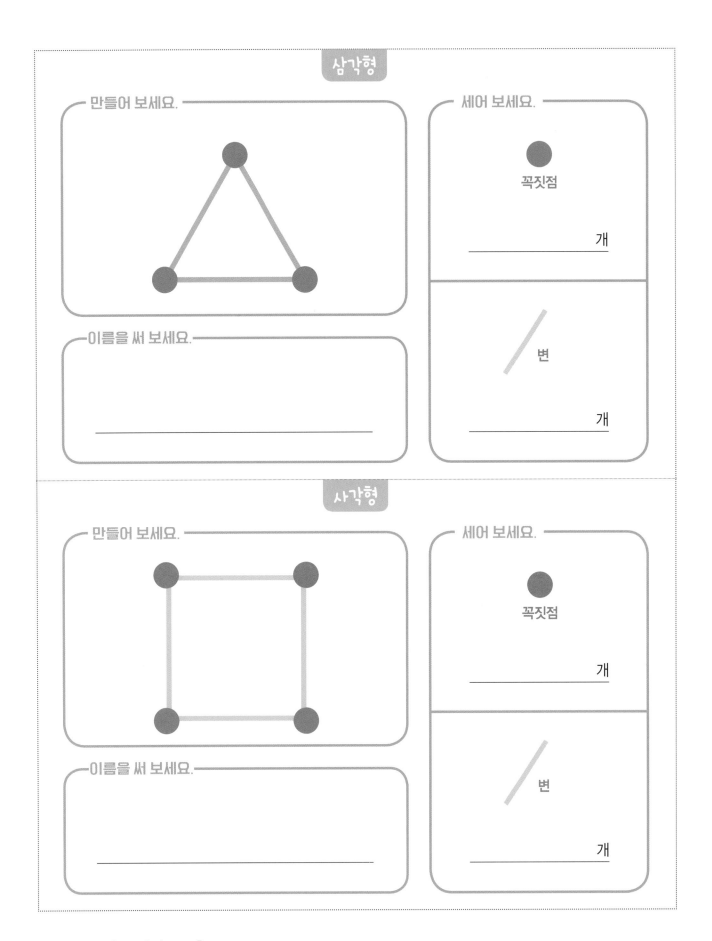

삼각형

만들어 보세요.

이름을 써 보세요.

세어 보세요.

꼭짓점

_____ 개

변

_____ 개

사각형

만들어 보세요.

이름을 써 보세요.

세어 보세요.

꼭짓점

_____ 개

변

_____ 개

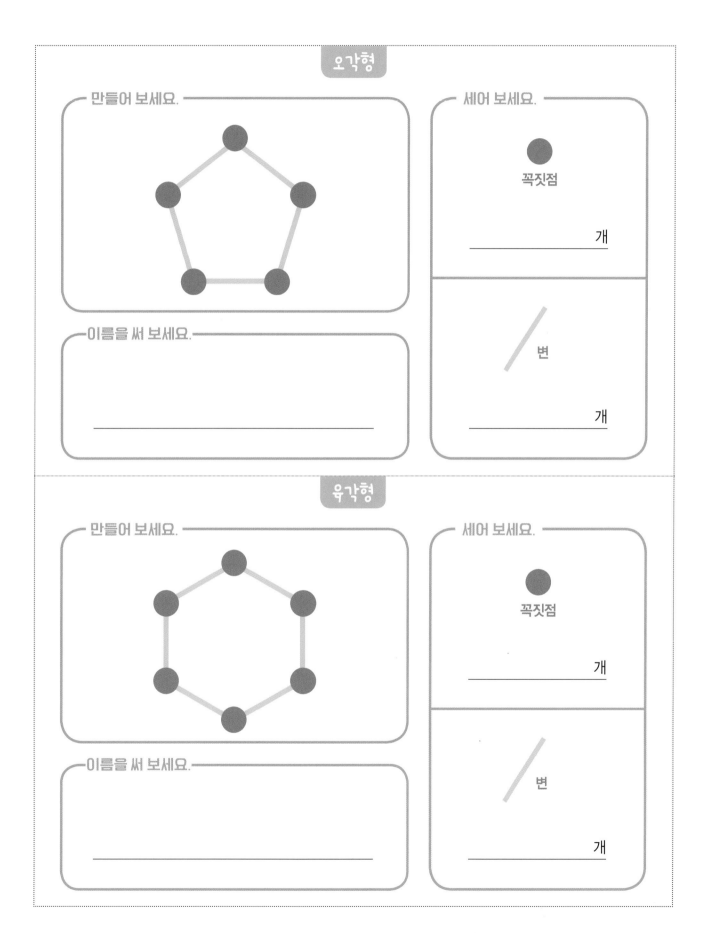

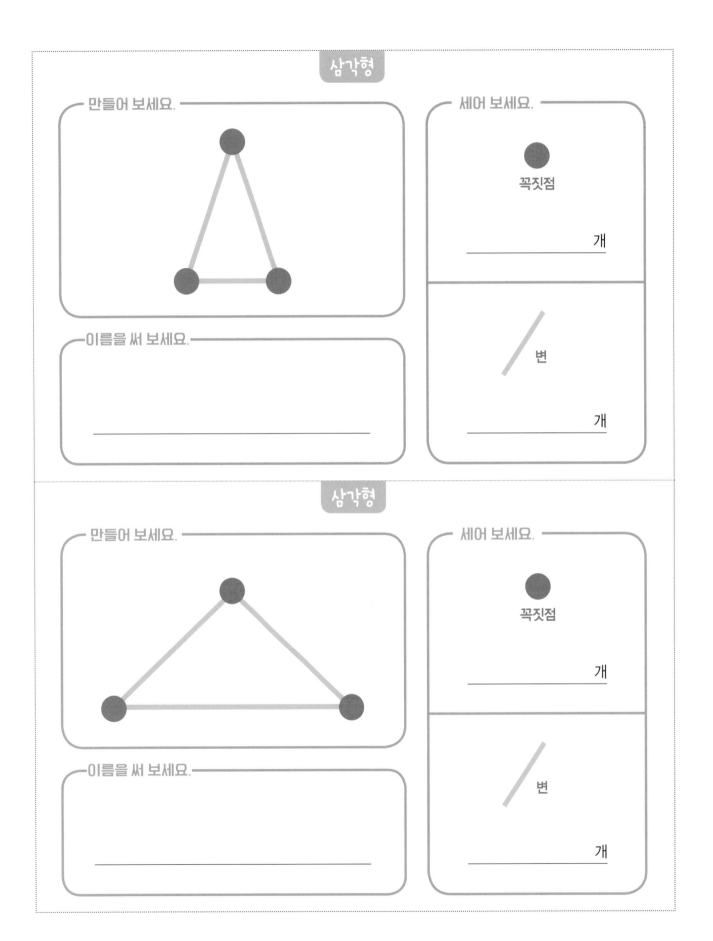

삼각형

만들어 보세요.

이름을 써 보세요.

세어 보세요.

꼭짓점

_____ 개

변

_____ 개

삼각형

만들어 보세요.

이름을 써 보세요.

세어 보세요.

꼭짓점

_____ 개

변

_____ 개

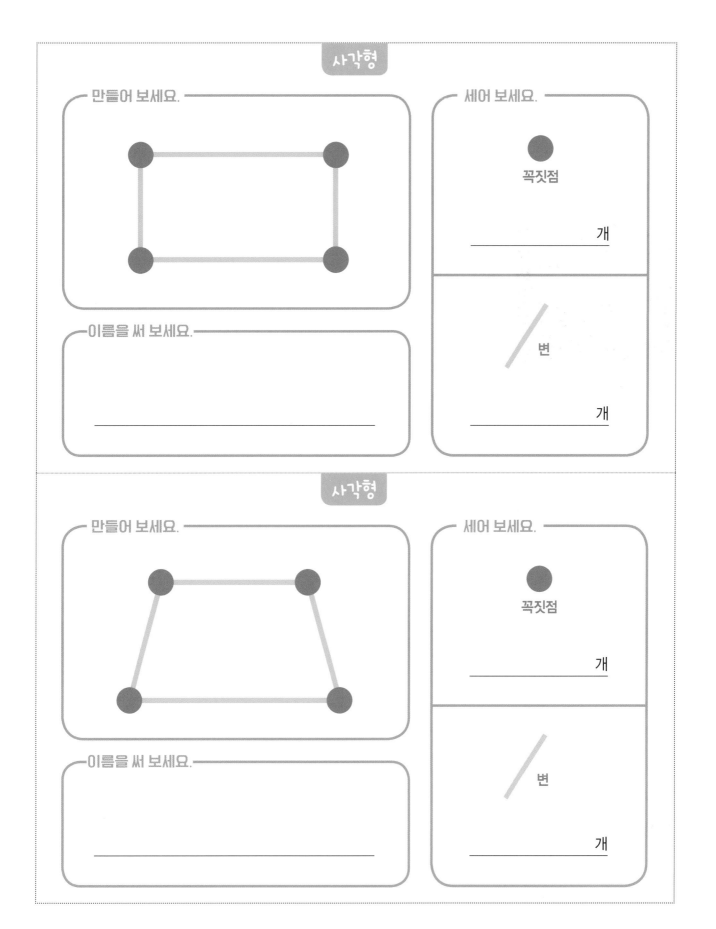

사각형

만들어 보세요.

이름을 써 보세요.

세어 보세요.

꼭짓점

_____ 개

변

_____ 개

사각형

만들어 보세요.

이름을 써 보세요.

세어 보세요.

꼭짓점

_____ 개

변

_____ 개

확장 더 알아보아요

체험 활동이 끝나고 아쉬운 마음이 드나요? 더욱 풍부하게 놀 수 있는 다양한 놀이를 소개해요. 소개하는 활동을 모두 해야 하는 것은 아닙니다. 살펴보면서 가장 재미있어 보이는 연계 활동을 해 보세요.

남은 재료로 다양한 융합 놀이 하기

준비물 앵두 과자, 나무 꼬치

◆ **가장 높은 탑 쌓기**
누가 가장 높은 탑을 쌓을까요? 정해진 시간에 가장 높은 탑 쌓기 게임을 해 보세요.

◆ **다리 만들기**
의자와 의자 사이, 책상과 책상 사이를 연결하는 다리를 만들어 보세요.

◆ **예술 작품 만들기**
자유롭게 연결해서 나만의 멋진 예술 조형물을 만들어 보고 사진으로 기록하세요.

빨대와 모루를 이용해서 다각형 만들기

준비물 빨대, 모루, 가위, 비눗물

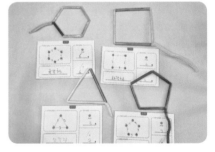

1 빨대를 모두 같은 길이로 잘라 모루와 함께 준비해요. 길게 자르면 커다란 도형이, 짧게 자르면 작은 도형이 만들어집니다.

2 빨대 3개를 나란히 모루에 끼워 오므리면서 삼각형을 만들어 봅니다. 같은 방법으로 빨대 4개를 이용해서 사각형을 만들어 보세요.

3 곧은 선이 둘러싸며 다각형을 만드는 과정을 이해하고 다른 다각형도 만들 수 있습니다. 만들어진 도형으로 비눗방울 놀이도 해 보세요.

일상생활에서 탐색하기

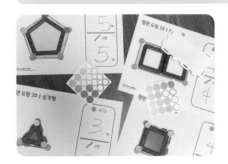

집에 있는 다양한 장난감에서 오늘 배운 다각형을 찾아보고, 꼭짓점과 변을 찾아보세요. 스티커(129쪽)를 붙여 봐도 좋아요.

QR코드를 찍으면 더 자세한 내용을 확인할 수 있어요.

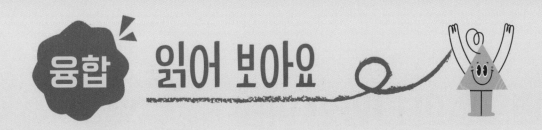

Wassily Kandinsky 바실리 칸딘스키

바실리 칸딘스키는 러시아 출신의 프랑스 화가입니다. 칸딘스키는 20세기의 가장 중요한 예술가 중의 하나로, 최초로 추상미술을 그린 창시자예요. 추상미술은 사실적으로 형태를 그리는 대신 점, 선, 면, 색 등의 순수한 조형 요소를 이용해서 작가의 내면세계를 표현하는 것을 말해요. 사실 칸딘스키는 법과 경제를 공부했어요. 30세에 처음 그림 공부를 시작했습니다. 이후에는 예술과 건축을 위한 바우하우스 학교의 교수로 재직했어요.

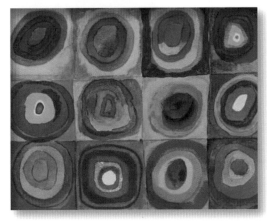

칸딘스키는 단순한 기본 조형 요소인 점, 선, 면, 색을 활용해서 음악과 율동이 느껴지도록 표현했어요. 칸딘스키의 작품을 보면 음악이 느껴지나요? 칸딘스키는 색과 소리 그리고 모양 간의 관계에 대해 많은 연구를 하고 이론을 만들었어요. 이 이론을 담아 여러 책을 출간하기도 했습니다.

오른쪽의 QR 코드를 찍어 칸딘스키의 그림을 연주해 보세요. 구글 아트 앤 컬처(Google Art & Culture)에서 머신러닝으로 칸딘스키의 작품을 음악으로 들어 보고 연주해 볼 수 있도록 만들었어요.

QR코드를 찍고 칸딘스키의 그림을 연주해 보세요.

3. 평면도형의 다양한 이름

우리는 앞에서 곧은 선으로 둘러싸인 다양한 다각형을 만들어 봤어요. 사실 다각형에는 앞에서 배운 이름보다 더욱 다양한 이름이 있어요. 3개의 선으로 둘러싸인 삼각형 친구들, 4개의 선으로 둘러싸인 사각형 친구들, 그리고 더욱더 많은 선으로 둘러싸인 다각형 친구들의 이름을 하나하나 자세히 알아볼 거예요. 1장에서 배운 예각, 직각, 둔각, 평행선도 잘 기억하고 있나요? 다각형 친구들의 이름을 맞히는 데 중요한 힌트가 될 거예요. 잘 기억나지 않는다면 다시 앞으로 돌아가서 확인해 보아도 좋아요. 그럼 다각형 이름 알아보기 게임을 시작해 볼까요?

● 교과 내용 ●

핵심 개념	내용 요소	학년	성취 기준
평면도형	▪여러 가지 삼각형	3~4학년	• 삼각형에 대한 분류 활동을 통하여 여러 가지 모양의 삼각형을 이해한다.
	▪여러 가지 사각형		• 사각형에 대한 분류 활동을 통하여 여러 가지 모양의 사각형을 알고, 그 성질을 이해한다.

 개념 **이해해 보아요**

준비물
색연필

◆ **활동 설명** 여러 가지 다각형 분류하기

1. 삼각형을 모두 찾아 초록색으로 색칠하세요.

＊3개의 곧은 선으로 둘러싸인 세모 모양의 도형을 찾아요.

2. 사각형을 모두 찾아 파란색으로 색칠하세요.

＊4개의 곧은 선으로 둘러싸인 네모 모양의 도형을 찾아요.

3. 오각형, 육각형을 모두 찾아 노란색으로 색칠하세요.

＊5개 이상의 곧은 선으로 둘러싸인 다각형을 찾아요.

4. 다각형이 아닌 것에 × 표시하세요.

＊도형이 닫혀 있지 않거나 곡선이 있으면 다각형이 아니에요.

◆ **활동 카드** 위 활동 설명을 보고, 다각형을 알맞게 색칠해 보세요.

◆ **활동 설명** 여러 가지 다각형 알아보기

같은 삼각형, 사각형인데 모양이 모두 다르다는 사실을 알고 있나요? 같은 다각형이지만 자세히 보면 변의 길이와 각의 크기가 모두 다르다는 사실을 알 수 있어요. 이렇게 변의 길이와 각의 크기에 따라 다각형의 종류를 더욱 자세하게 나눌 수 있어요. 또 모양이 다른 삼각형과 사각형은 각각 부르는 이름이 달라요. 다각형의 여러 가지 이름이 익숙해질 수 있도록 다양한 활동을 통해서 이름과 특징을 익혀 보세요. 게임 방식으로 도형의 이름 맞추기 활동을 해 보면 더욱 좋아요. 활동 후에는 직접 도형의 이름을 글자로 적어 보며 다양한 감각을 활용해서 다각형을 익히는 활동을 해 봐요.

◆ **활동 방법**

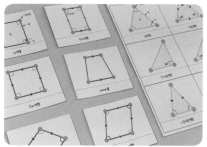

1 먼저 도형 카드를 보고 도형의 이름과 뜻을 익혀요.

2 뒷면 카드에서 뜻만 보고 도형의 이름을 알아맞혀 보세요. 그리고 이름 칸에 도형의 이름을 적어 보세요.

＊이름 부분을 분리해서 맞추기 활동을 할 수 있어요.

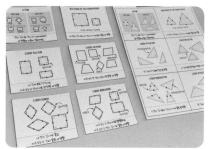

3 더욱 다양한 모양의 다각형 이름과 특징을 익혀 보세요.

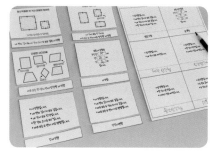

4 도형의 특징만 보고 도형의 이름을 알아맞혀 보세요. 그리고 이름 칸에 도형의 이름을 적어 보세요.

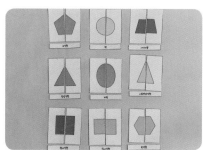

＊부록(91쪽)의 다각형 카드를 활용해서 도형의 대칭 짝 맞추기와 이름 맞히기 활동을 할 수 있어요.

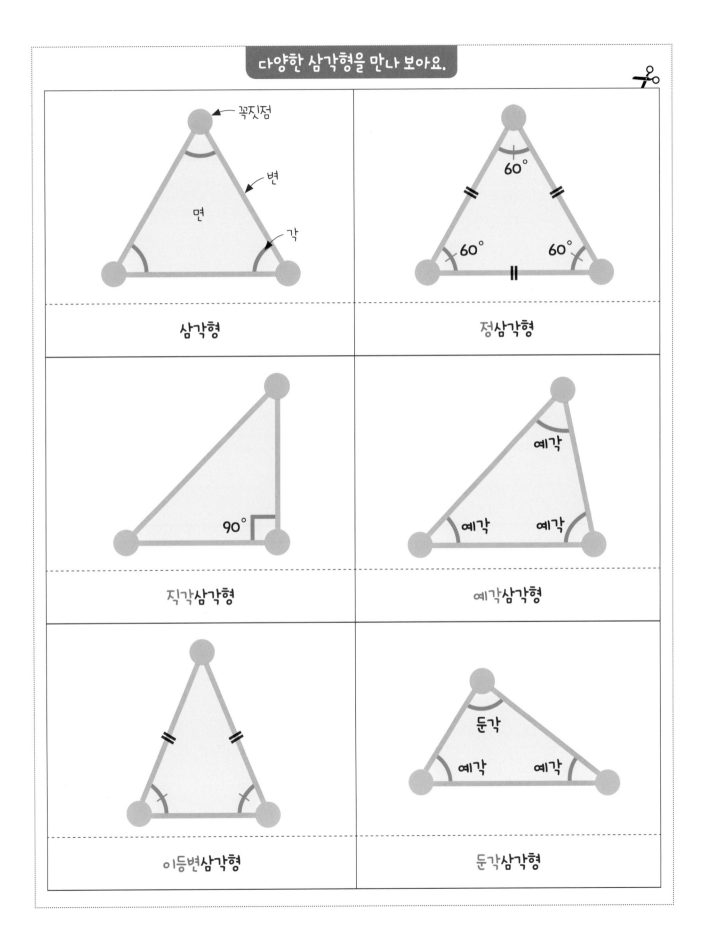

다양한 삼각형을 만나 보아요.

꼭짓점

변

면

각

삼각형

60°
60° 60°

정삼각형

90°

직각삼각형

예각
예각 예각

예각삼각형

이등변삼각형

둔각
예각 예각

둔각삼각형

세 변의 길이와
세 각의 크기가
모두 같은 삼각형

3개의 변으로
둘러싸인 도형이에요.
변의 길이와 각의 크기에 따라서
삼각형의 이름이 달라져요.

세 각이 모두
직각보다 작은 예각인
삼각형

한 각이
직각(90°)인
삼각형

한 각이
직각보다 큰 둔각인
삼각형

두 변의 길이와
두 각의 크기가
같은 삼각형

여러 가지 삼각형의 특징을 말해 보아요.

삼각형

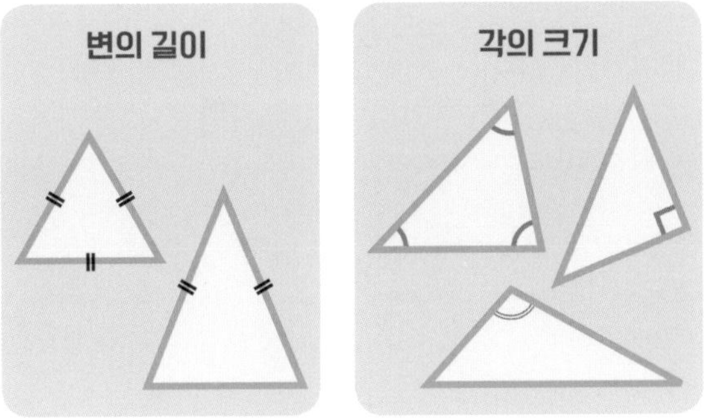

변의 길이

각의 크기

변의 길이와 각의 크기에 따라서
삼각형의 이름이 달라져요.

정삼각형은 한 가지 모양만 있어요.

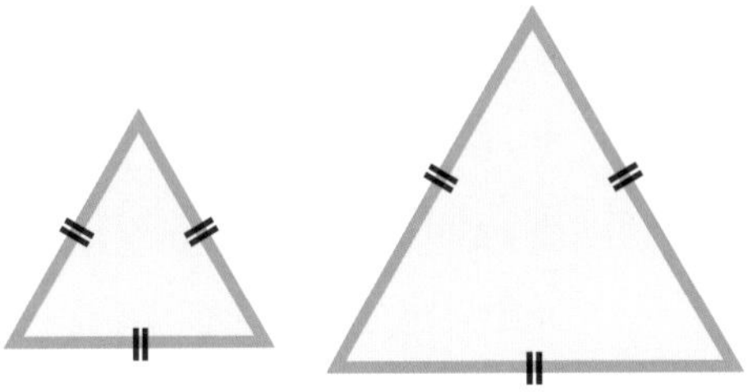

크기는 달라질 수 있어요.

세 변의 길이와 세 각의 크기가 모두 같은 삼각형

다양한 직각삼각형

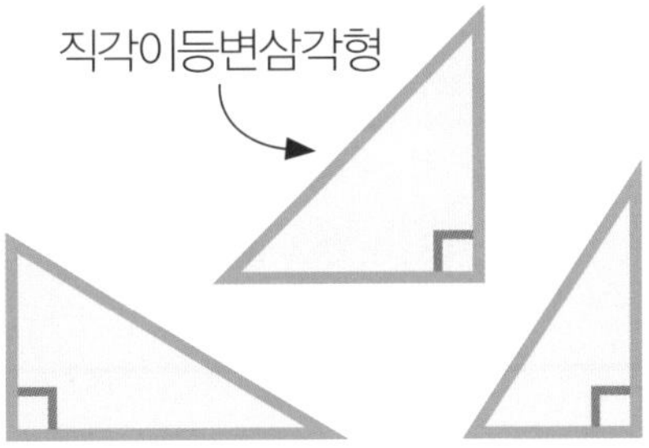

직각이등변삼각형

한 각이 직각(90°)인 삼각형

다양한 예각삼각형

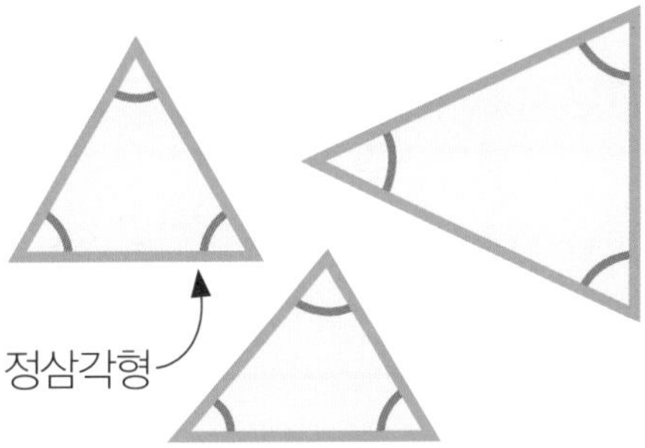

정삼각형

세 각이 모두 직각보다 작은 예각인 삼각형

다양한 이등변삼각형

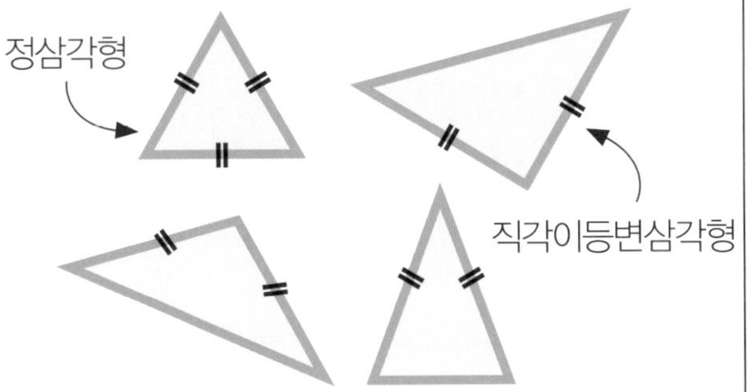

정삼각형

직각이등변삼각형

두 변의 길이와 두 각의 크기가 같은 삼각형

다양한 둔각삼각형

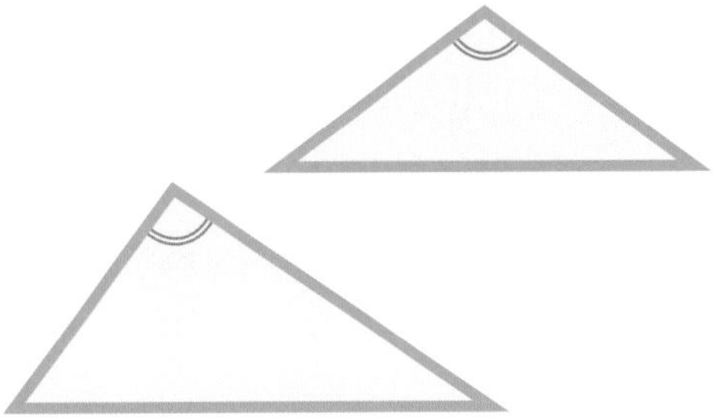

한 각이 직각보다 큰 둔각인 삼각형

✂

● 삼각형입니다.

● 세 변의 길이가 모두 같습니다.

● 세 각의 크기가 모두 같습니다.

● 한 각의 크기는 60°입니다.

모든 삼각형은

꼭짓점 [ ] 개

변 [ ] 개

각 [ ] 개

입니다.

정삼각형

삼각형

● 삼각형입니다.

● 세 각이 모두 예각입니다.

● 삼각형입니다.

● 한 각이 직각입니다.

● 나머지 각은 예각입니다.

● 삼각형입니다.

● 한 각이 둔각입니다.

● 나머지 각은 예각입니다.

● 삼각형입니다.

● 두 변의 길이가 같습니다.

● 두 각의 크기가 같습니다.

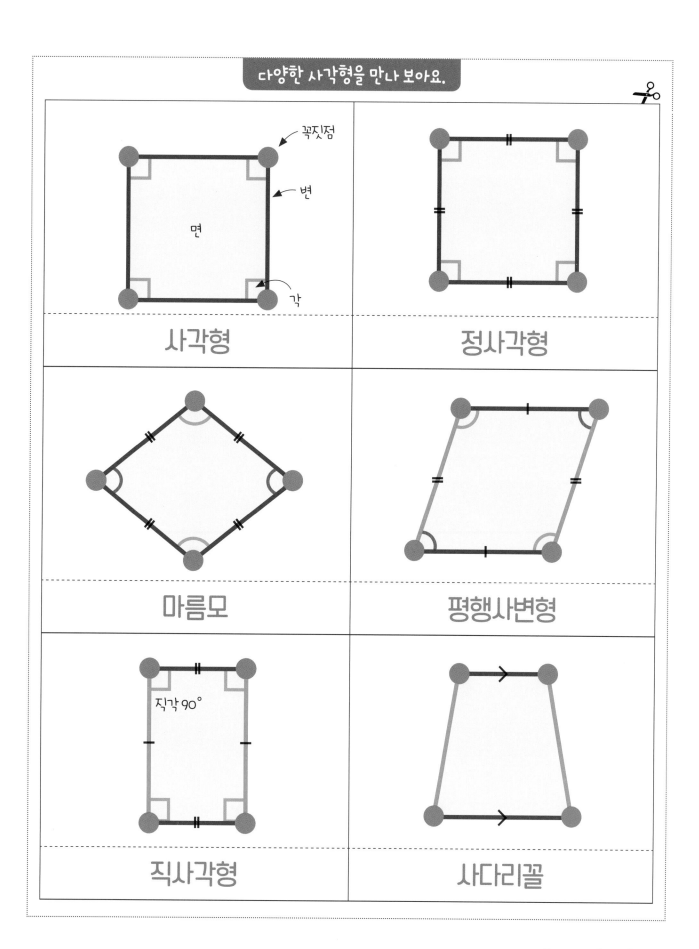

꼭짓점

변

면

각

사각형

정사각형

마름모

평행사변형

직각 90°

직사각형

사다리꼴

네 변의 길이가 모두 같고,
네 각이 모두 직각인
사각형

4개의 변으로
둘러싸인 도형이에요.
변의 길이와 각의 크기에 따라서
사각형의 이름이 달라져요.

정사각형

사각형

마주 보는 두 쌍의 변이
서로 평행한 사각형

마주 보는 두 쌍의 변이 서로 평행하며
네 변의 길이가 모두 같은
사각형

마주 보는 한 쌍의 변이
평행한 사각형

마주 보는 두 쌍의 변이 서로 평행하며
네 각의 크기가 모두 직각인
사각형

사각형

변의 길이

● 네 변의 길이가 같아요.

정사각형   마름모

● 마주 보는 변의 길이가 같아요.

직사각형   평행사변형

각의 크기

● 네 각의 크기가 같아요.

정사각형   직사각형

● 마주 보는 각의 크기가 같아요.

평행사변형   마름모

변의 길이와 각의 크기에 따라서

사각형의 이름이 달라져요.

정사각형은 한 가지 모양만 있어요.

크기는 달라질 수 있어요.

네 변의 길이가 모두 같고,

네 각의 크기가 모두 직각인 사각형

다양한 마름모

정사각형

마주 보는 두 쌍의 변이 서로 평행하며

네 변의 길이가 모두 같은 사각형

다양한 평행사변형

정사각형

마름모

직사각형

마주 보는 두 쌍의 변이 서로 평행한 사각형

다양한 직사각형

정사각형

마주 보는 두 쌍의 변이 서로 평행하며

네 각의 크기가 모두 직각인 사각형

다양한 사다리꼴

직사각형   정사각형   평행사변형

마름모

마주 보는 한 쌍의 변이 평행한 사각형

●사각형입니다.

●네 변의 길이가 모두 같습니다.

●네 각이 모두 직각입니다.

●마주 보는 두 쌍의 변이 서로 평행합니다.

모든 사각형은

꼭짓점 [   ]개

변 [   ]개

각 [   ]개

입니다.

정사각형

사각형

●사각형입니다.

●마주 보는 두 쌍의 변의 길이가 같습니다.

●마주 보는 두 쌍의 각의 크기가 같습니다.

●마주 보는 두 쌍의 변이 서로 평행합니다.

●사각형입니다.

●네 변의 길이가 모두 같습니다.

●마주 보는 두 쌍의 각의 크기가 같습니다.

●마주 보는 두 쌍의 변이 서로 평행합니다.

●사각형입니다.

●마주 보는 한 쌍의 변이 평행합니다.

●사각형입니다.

●마주 보는 두 쌍의 변의 길이가 같습니다.

●네 각이 모두 직각입니다.

●마주 보는 두 쌍의 변이 서로 평행합니다.

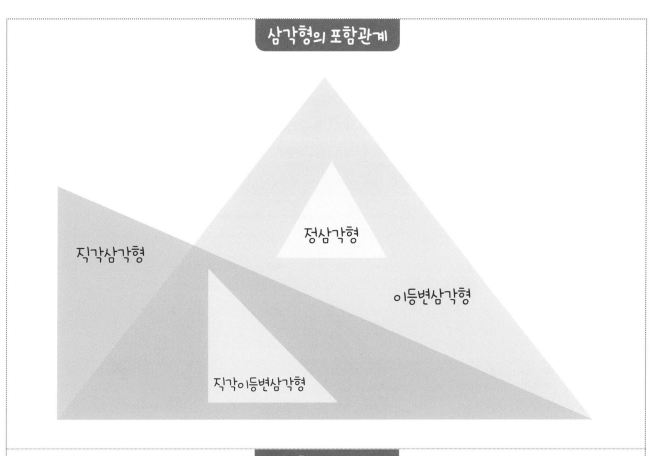

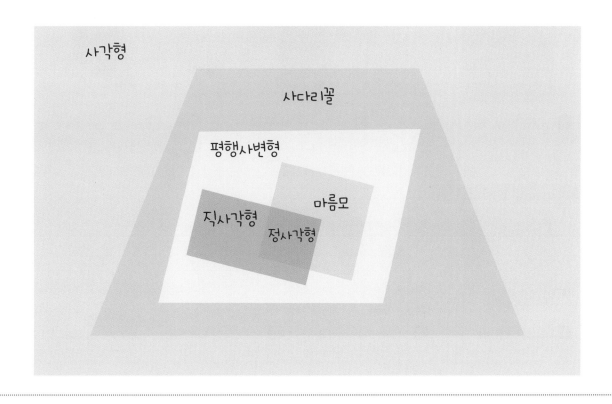

다각형의 여러 가지 모양, 이름, 특징을 알아봤어요. 이제 부록(93쪽)의 다각형 카드를 활용해서, 다각형 모양을 단 한 번의 가위질로 오려 보도록 해요. 가위로 오릴 때 꺾거나 휘어서는 안 돼요. 한 번에 곧은 선을 따라 딱 한 번만 오릴 수 있어요. 먼저, 사각형을 한 번의 가위질로 자르는 방법을 알려 드릴 거예요. 따라 해 보고 다른 다각형은 어떻게 한 번에 오릴 수 있을지 생각해 보세요.

◆ **활동 방법**

사각형을 한 번에 오리기

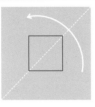

1 사각형 카드를 그림이 보이도록 대각선으로 접어 삼각형 모양을 만들어요.

2 한 번 더 반으로 접어서 직각삼각형을 만들어요.

3 보이는 선을 따라 한 번에 오리고, 다시 펼쳐 보아요.

삼각형을 한 번에 오리기

1 삼각형 카드를 그림이 보이도록 세로로 접어 직각삼각형 모양을 만들어요.

2 보이는 대칭축(점선)을 따라 접어요.

3 보이는 선을 따라 한 번에 오리고, 다시 펼쳐 보아요.

육각형을 한 번에 오리기

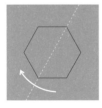

1 육각형 카드를 그림이 보이도록, 육각형이 절반이 되게 접어요.

2 3등분한다는 생각으로 보이는 대칭축(점선)을 따라 접어요.

3 남은 점선을 따라 한 번 더 접어요.

4 보이는 선을 따라 한 번에 오리고, 다시 펼쳐 보아요.

◆ **활동 결과**　다각형 한 번에 오리기에 성공했다면, 결과를 아래 빈칸에 붙여 보세요.

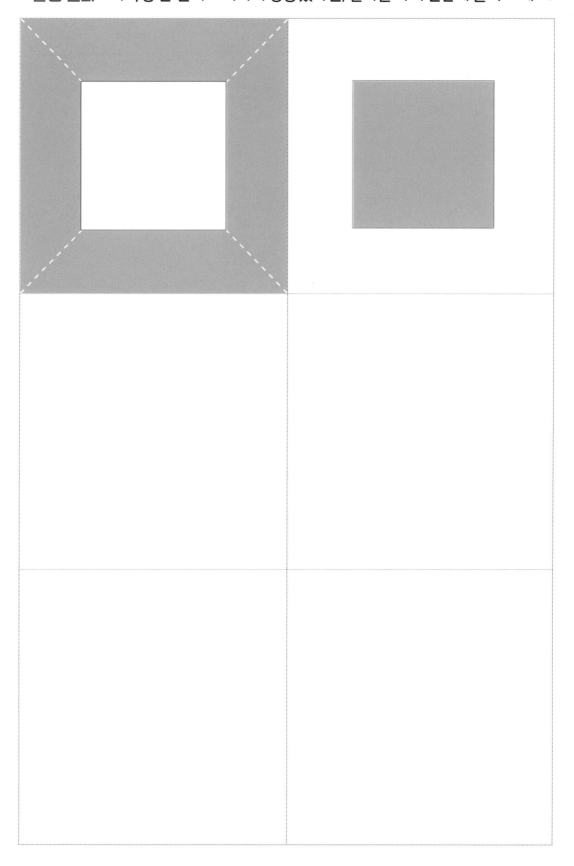

◆ **활동 결과** 다각형 한 번에 오리기에 성공했다면, 결과를 아래 빈칸에 붙여 보세요.

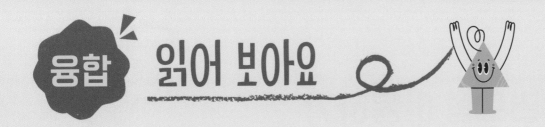

Alexander Calder 알렉산더 칼더

알렉산더 칼더는 점, 선 그리고 면을 잘 활용해서 움직이는 조각품인 '모빌(mobile)'을 처음으로 만든 선구적인 예술가입니다. 칼더는 어릴 때부터 스스로 도구와 장난감 만드는 것을 좋아했어요. 예술이 아닌 공학을 전공했지만, 예술가 가족의 영향을 받아서 다시 미술 공부를 시작했어요. 칼더는 자신이 배웠던 기술과 수학 그리고 예술을 융합해서 자신만의 움직이는 작품을 만들었어요.

칼더는 자신의 움직이는 조각품에서 선을 표현하기 위해 주로 철사를 사용했어요. 그리고 점과 면을 표현하기 위해 금속을 사용했고요. 이렇게 점, 선, 면을 다양하게 활용해서 만든 작품을 천장에 매달거나 바닥에 고정했어요. 작품은 바람이나 진동에 의해 움직일 수 있도록 했지요. 칼터는 움직이는 조각을 통해 미국의 훌륭한 조각가로 인정받았답니다.

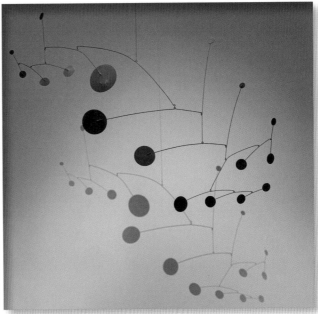

4. 평면도형 이동하기

QR코드를 찍으면 더 자세한 내용을 확인할 수 있어요.

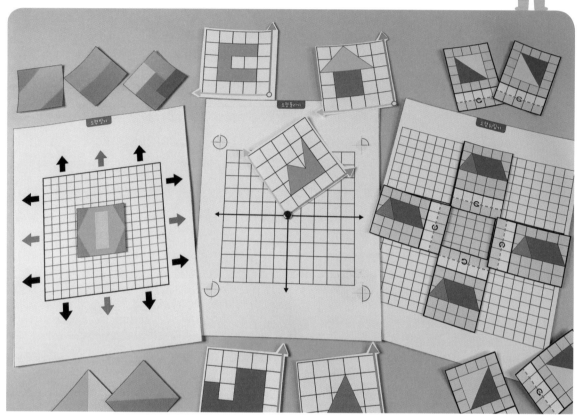

앞에서 우리는 다양한 평면도형에 대해 배웠어요. 오늘 우리는 다양한 평면도형의 위치를 바꿔서 밀어 보고, 여러 방향으로 뒤집어 보고, 요리조리 돌려 보면서 다양하게 탐색해 볼 거예요. 여러 방향으로 접고, 오리고, 붙이고, 그리면서 수학을 좋아했던 예술가처럼 우리도 평면도형을 자유자재로 움직이고 놀이해 봐요.

● 교과 내용 ●

핵심 개념	내용 요소	학년	성취 기준
평면도형	평면도형의 이동	3~4학년	• 평면도형의 밀기, 뒤집기, 돌리기 활동을 통하여 그 변화를 이해한다.
	합동의 대칭	5학년	• 구체적인 조작 활동을 통하여 도형의 합동, 선대칭 도형, 점대칭 도형의 의미를 알고 그릴 수 있다.

◆ 활동 설명   평면도형 퍼즐 맞추기

1. 부록(95쪽)의 도형 퍼즐 카드를 모두 오리세요.

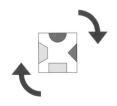

2. 도형 퍼즐 카드는 돌릴 수 있어요.

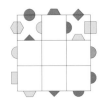

3. 아래 퍼즐에 붙어 있는 도형과 짝이 맞는 카드를 골라 올려 보세요.

4. 완성되었다면 풀로 붙여 보세요.

◆ 활동 카드   부록(95쪽)의 도형 퍼즐 카드를 이용하여 그림을 완성하세요.

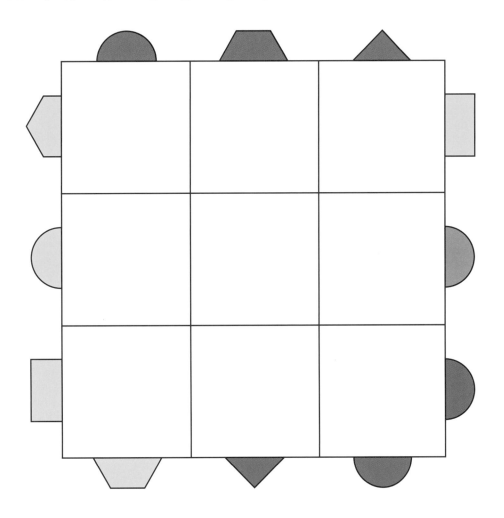

◆ 도형 밀기

도형 밀기는 도형의 모양과 방향을 그대로 유지하면서 자리만 바꾸는 거예요. 도형은 원래 모양과 크기를 그대로 유지해요. 위, 아래, 오른쪽, 왼쪽 등 여러 방향으로 도형을 밀어 보세요. 다양하고 재미있는 패턴을 만들 수 있어요.

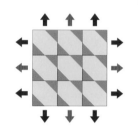

◆ 도형 뒤집기

도형 뒤집기는 모양을 뒤집는 거예요. 투명 필름이나, 지우개와 사인펜을 이용해서 도장을 찍어 봐도 좋아요. 도형을 양옆으로 뒤집으면 좌우 방향이 바뀌고, 위·아래로 뒤집으면 앞뒤 방향이 바뀌어요. 크기와 모양은 그대로이지만 도형의 방향이 바뀌게 된답니다. 직접 도형을 뒤집어 보세요.

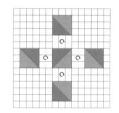

◆ 도형 돌리기

도형 돌리기는 도형을 한 방향으로 조금씩 돌리는 거예요. 한 바퀴를 빙 돌리면 처음의 모양과 같아져요. 도형을 돌리면 도형의 크기와 모양은 그대로이지만 방향이 바뀌어요. 도형 돌리기에 익숙해지면 도형을 돌리기 전에 모양을 미리 맞히는 연습을 해 보세요.

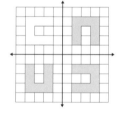

◆ 합동과 닮음

합동은 도형의 모양과 크기가 서로 완전히 똑같을 때를 말해요. 도형을 겹치면 완전히 똑같이 포개어져요.

닮음은 모양은 똑같지만 크기가 다를 때를 말해요.

◆ 선대칭 도형과 점대칭 도형

선대칭 도형은 반으로 접었을 때 접힌 선(대칭축)을 중심으로 양쪽의 모양이 딱 겹치는 도형을 말해요.

대칭축

점대칭 도형은 중심이 되는 점을 기준으로 반 바퀴(180°) 돌렸을 때 처음 모양과 똑같아지는 도형을 말해요.

대칭의 중심

체험 만들어 보아요

준비물
부록(97~107쪽), 풀, 가위, 똑딱핀, 색연필, 송곳

◆ **활동 설명** 도형 밀기, 뒤집기, 돌리기

앞에서 배운 평면도형을 요리조리 밀고, 뒤집고, 움직이며 모양의 변화를 관찰해봐요. 부록(97~107쪽)에 다양한 활동 자료들이 수록되어 있어요. 부록의 자료를 활용하면 교재 활동 이외에도 직접 도형을 그려서 문제를 만들어 볼수 있어요! 부모님은 여러분이 만든 문제를 해결할 수 있을까요? 도형의 이동을 손으로 만들며 체험해 보세요.

◆ **활동 방법**

▶ **도형 밀기**

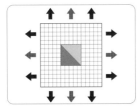

1 부록 (97쪽)의 도형 카드를 가위로 오려서 교재의 도형 밀기 판 가운데 올려 두세요.

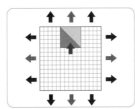

2 도형의 모양을 바꾸지 않고 위, 아래, 양옆으로 이동해 보세요.

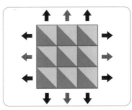

3 이동한 뒤의 모습을 보고 색연필로 따라 그려 보세요.

＊ 모눈종이에 빈 부분이 없게 그림을 모두 채워 넣으세요.

▶ **도형 뒤집기**

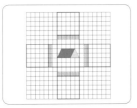

1 부록(101쪽)의 도형 뒤집기 카드를 모두 오려요. 교재의 붙임 번호를 확인하며 붙여요.

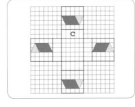

2 빨간 점선을 따라 접으며 도형을 뒤집어 보세요.

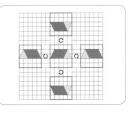

3 뒤집은 뒤의 모습을 보고 색연필로 따라 그려 보세요.

▶ **도형 돌리기**

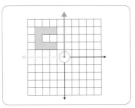

1 부록(103쪽)의 도형 돌리기 카드를 모두 오리고, 빨간 동그라미 부분을 송곳으로 뚫어요.

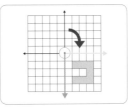

2 교재와 도형 카드를 똑딱핀으로 연결해요. 도형을 돌리면서 모양의 변화를 확인해요.

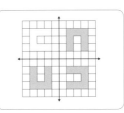

3 돌린 뒤의 모습을 보고 색연필로 따라 그려 보세요.

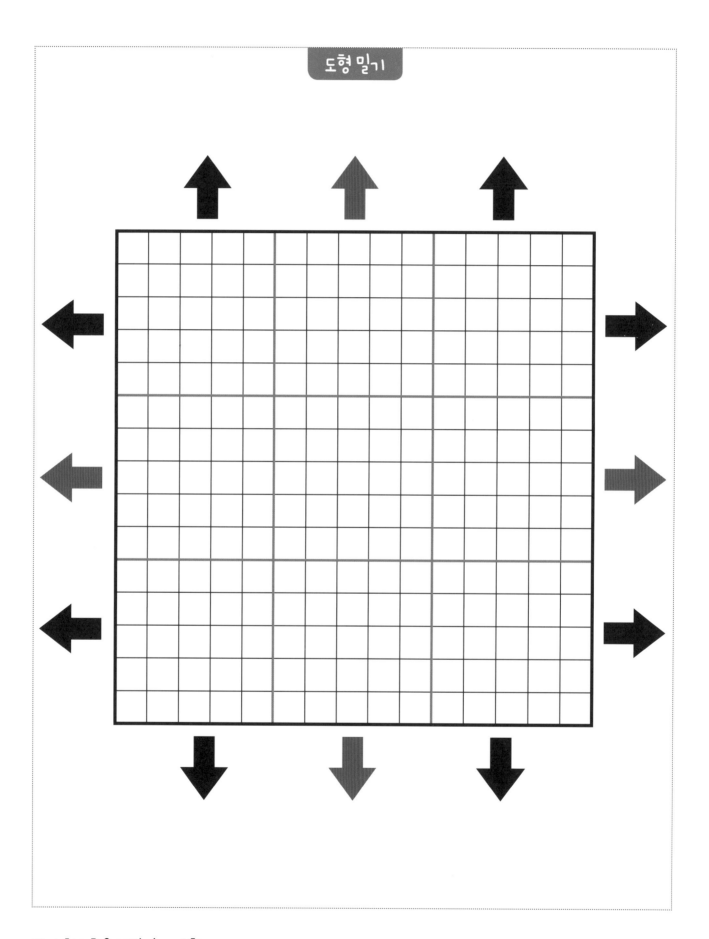

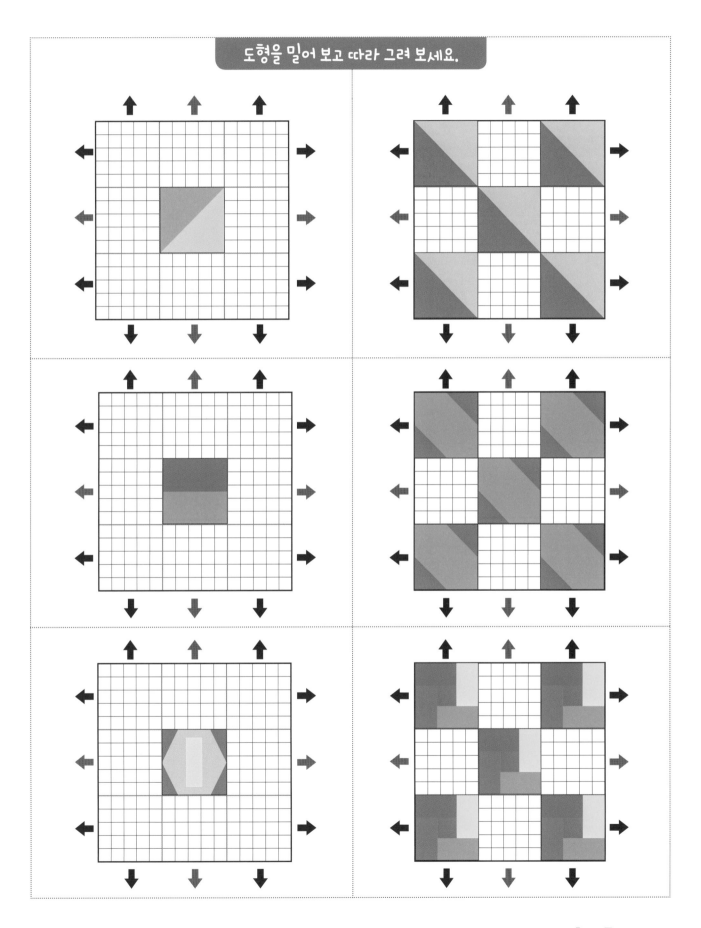

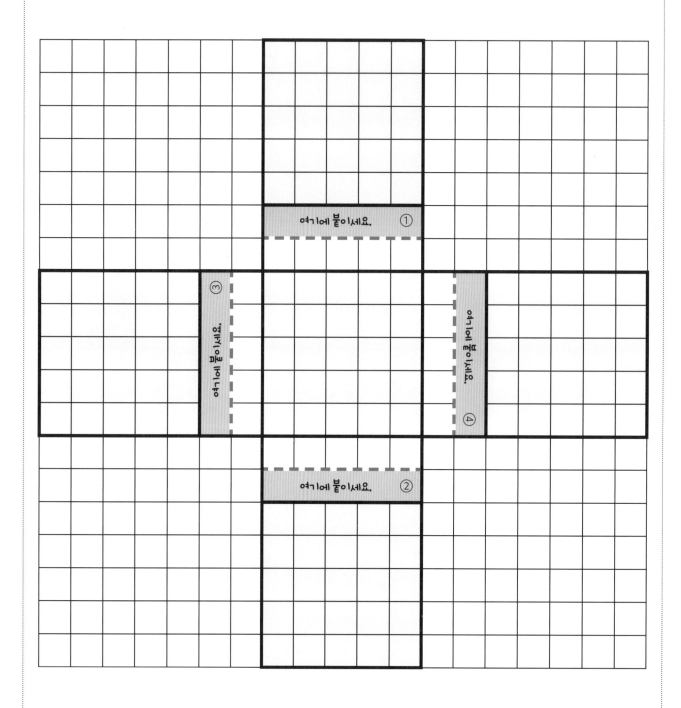

여기에 붙이세요. ①

③ 여기에 붙이세요.

여기에 붙이세요. ④

여기에 붙이세요. ②

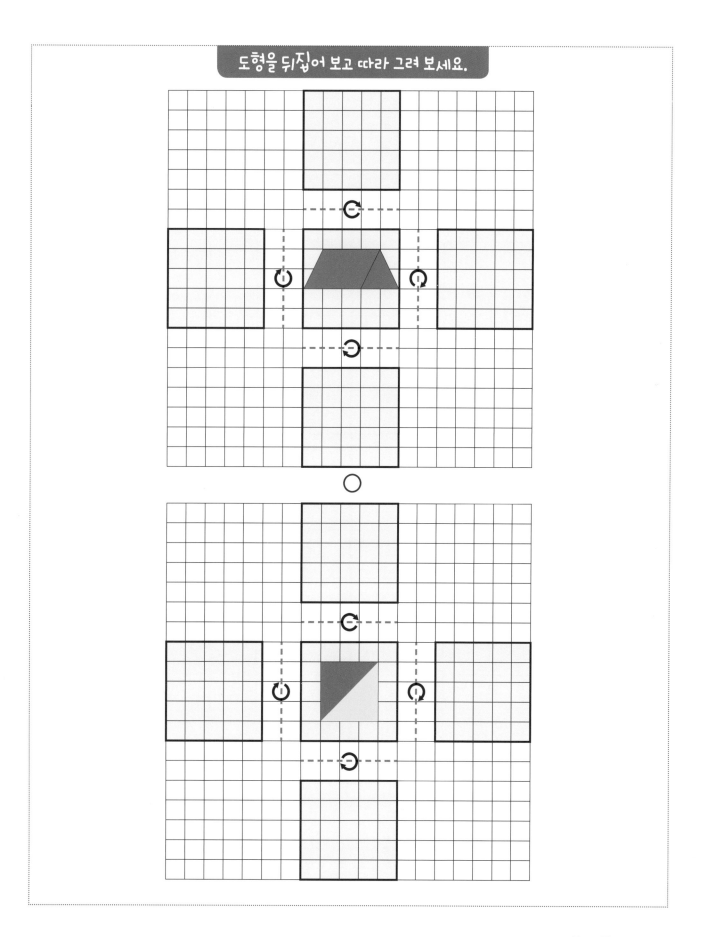

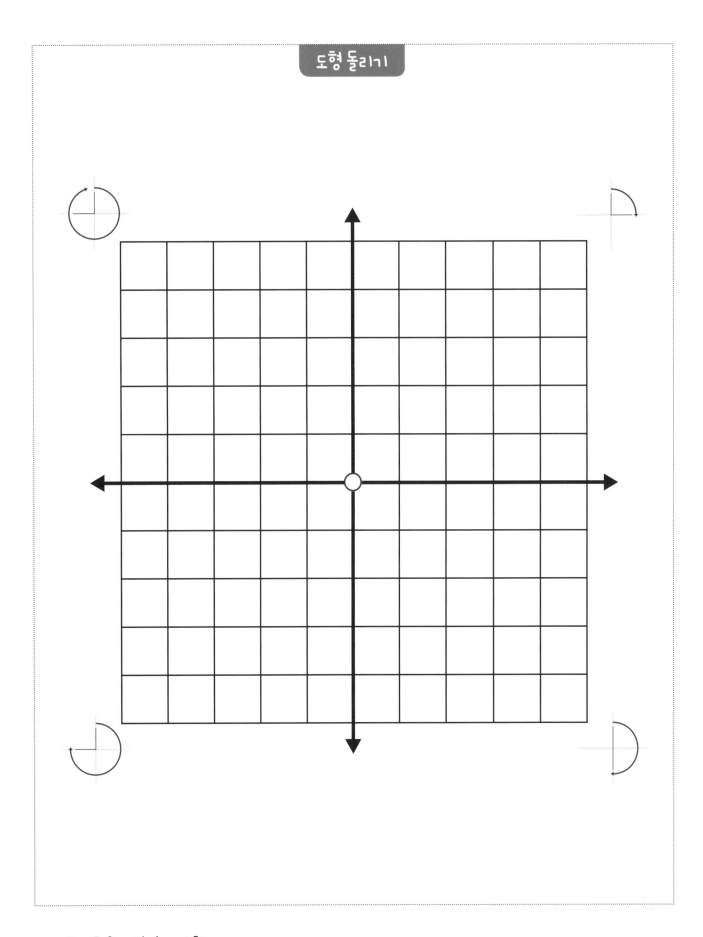

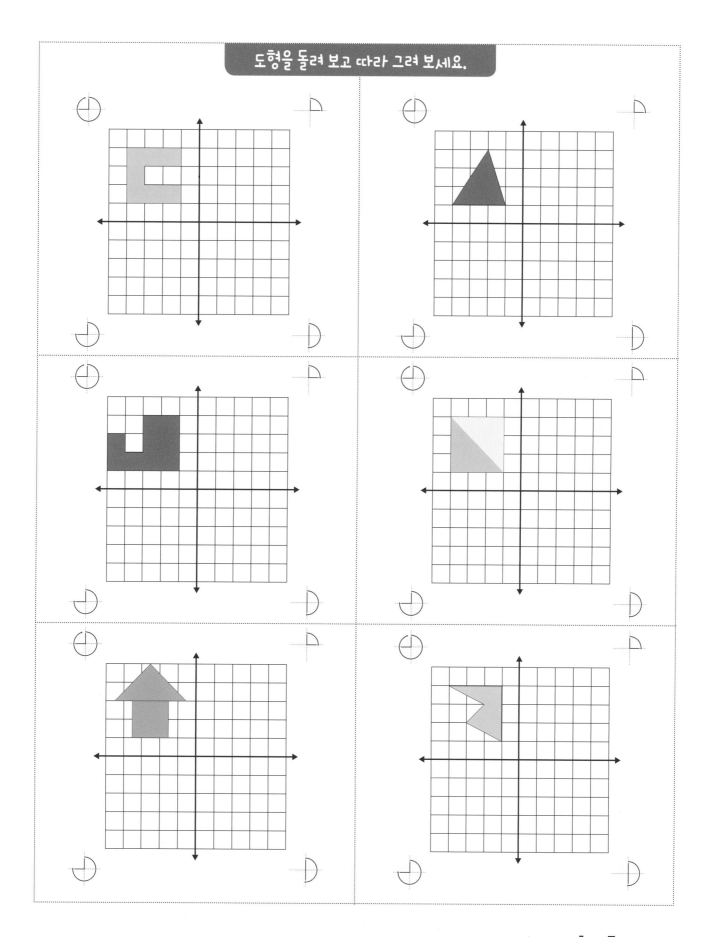

선대칭 도형

아래 선대칭 도형을 완성해 보세요. 바로 완성하는 것이 어렵다면 거울을 사용하거나 반을 접어서 오려 보아도 좋아요.

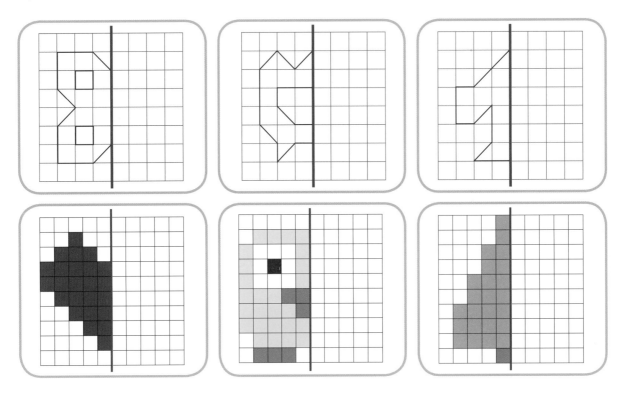

점대칭 도형

부록(95쪽)의 대칭 도형을 오리고 가운데 빨간 동그라미 부분은 송곳으로 뚫어 주세요. 앞 장의 도형 돌리기 판에 똑딱핀으로 끼워 봐요. 도형을 반 바퀴(180°) 돌려 보고 점대칭 도형인 것과 아닌 것을 구분해서 붙여 보세요. 점대칭 도형은 점을 기준으로 반 바퀴 돌렸을 때 처음 모양과 똑같아져요.

── 점대칭 도형 ○ ──

── 점대칭 도형 × ──

 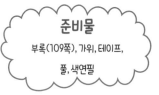

준비물

부록(109쪽), 가위, 테이프, 풀, 색연필

확장 **더 알아보아요**

부록(109쪽)의 활동지를 이용해서 테셀레이션을 만들어 봐요. 테셀레이션은 같은 모양의 평면도형 조각들을 서로 틈이 생기지 않게 맞춰 놓아 공간을 빈틈없이 덮는 것을 말해요. '쪽매 맞춤' 또는 '쪽매 붙임'이라고 부르기도 합니다. 테셀레이션은 보통 한 가지 도형으로 만들지만 두 가지 이상의 도형을 규칙에 따라 반복해서 사용하기도 해요. 도형을 뒤집고, 돌리고, 밀어서 빈틈이 없이 도형이 꽉 차도록 만들어요. 또, 부록(109쪽)의 색종이를 사용해서 나만의 테셀레이션을 만들어 보세요.

테셀레이션 따라 하기 1

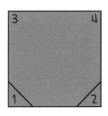 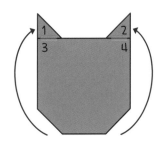 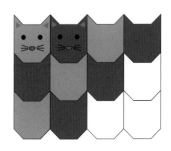

1 부록(109쪽)의 테셀레이션 색종이를 오려요. 1번과 2번 조각도 오려 주세요.

2 1번과 2번 조각을 3과 4에 이어 붙여요.

3 만들어진 조각을 아래 결과지에 대고, 꼭 맞도록 따라 그린 뒤 나만의 상상력을 더해 보세요.

활동 결과

테셀레이션 따라 하기 2

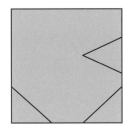

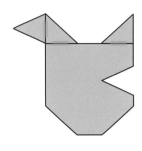

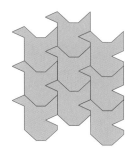

1 부록(109쪽)의 테셀레이션 색종이를 오려요. 오려 낼 조각의 모양을 그림으로 그려 주세요.

2 조각을 다른 곳에 이어 붙여요.

3 만들어진 조각을 아래 결과지에 대고, 빈틈없이 모아 그린 뒤 나만의 상상력을 더해 보세요.

활동 결과 : 위의 테셀레이션을 따라 해 보거나 나만의 테셀레이션을 디자인해 보세요.

Maurits Cornelis Escher 마우리츠 코르넬리스 에셔

마우리츠 코르넬리스 에셔는 네덜란드의 예술가로, 도형의 원리와 이동을 응용한 수학 그림을 많이 그렸어요. 특히 에셔는 창의적인 테셀레이션(Tessellation)의 세계를 만들어 많은 작품을 남겼어요. 처음 평면도형으로 시작한 테셀레이션은 이후 평면에서 점차 입체 공간으로 변화하는 듯한 착시 효과를 주었어요.

에셔는 이탈리아와 스페인을 여행하던 중에 그라나다의 알함브라 궁전에서 큰 영감을 받았어요. 알함브라 궁전의 평면도형을 사용한 양식에 사로잡혔죠. 이후 에셔는 본격적으로 도형을 응용한 패턴을 만들어 내기 시작했어요. 에셔는 단순한 도형을 응용해서 착시 효과를 만들어 내는 일을 아주 좋아했죠. 수학을 너무 좋아해서 수학 이론을 자신의 작품으로 아주 많이 남겼어요. 에셔의 작품은 수학자들에게도 큰 영감을 주었답니다.

5. 평면에서 입체로 확장하기

QR코드를 찍으면 더 자세한 내용을 확인할 수 있어요.

우리는 앞에서 모든 평면도형에 대해 배웠어요. 평면도형을 여러 장 쌓으면 입체도형이 됩니다. 오늘은 앞서 배운 방법으로 점과 선을 이용해서 입체도형을 만들어 볼 거예요. 우리가 만들어 볼 입체도형의 이름은 '각기둥'과 '각뿔'이에요. 각기둥이란 바닥 면은 다각형이고, 옆면은 사각형인 기둥 모양의 입체도형을 말해요. 기둥처럼 생겨서 각기둥이라고 부르고, 바닥 면이 삼각형이면 삼각기둥, 사각형이면 사각기둥이라고 불러요. 즉, 바닥 면의 모양에 따라 이름이 바뀐답니다. 각뿔은 바닥 면은 다각형이고, 옆면은 삼각형인 뿔 모양의 입체도형이에요. 역시 바닥 면의 모양에 따라서 이름이 바뀐답니다. 우리는 이제 바닥 면을 더욱 멋지게 '밑면', 면과 면이 만나서 생기는 선을 '모서리'라고 부를 거예요. 입체도형과 다양한 놀이를 시작해 볼까요?

● 교과 내용 ●

핵심 개념	내용 요소	학년	성취 기준
입체도형	▪ 입체도형의 모양	2학년	• 주변에서 여러 가지 물건을 관찰하여 여러 가지 입체도형을 찾고 만들 수 있다.
	▪ 정사면체, 정육면체, 각기둥, 각뿔	5~6학년	• 정사면체, 정육면체, 각기둥, 각뿔을 알고, 구성 요소와 성질을 이해한다.

 # 이해해 보아요

◆ 활동 설명   평면도형과 입체도형 구분하기

1. 모든 평면도형을 찾아 파란색으로 색칠하세요.

2. 모든 입체도형을 찾아 노란색으로 색칠하세요.

◆ 활동 카드   위 활동 설명을 보고, 아래 도형을 알맞게 색칠해 보아요.

체험 만들어 보아요

준비물
필기도구, 가위, 클레이(앵두 과자)
이쑤시개, 나무 꼬치

◆ **활동 설명** 여러 가지 입체도형 만들기

입체도형의 이름을 소리 내어 말해 보고, 꼭짓점과 모서리의 수를 세어 보고, 글자로 적어 보며 다양한 감각을 활용해서 입체도형을 익혀 보는 활동을 할 거예요. 입체도형을 직접 손으로 만들어 보면 입체도형의 부피감을 다양한 감각으로 익힐 수 있어 좋아요. 여러 모양의 입체도형을 직접 손으로 만들면서 입체도형을 익혀 보세요. 입체도형에 대해 이미 잘 알고 있는 친구들은 교재의 그림을 보면서 도형의 이름, 꼭짓점의 수, 모서리의 수를 적어 보세요.

◆ **활동 방법**

1 클레이나 앵두 과자, 길이가 서로 다른 이쑤시개와 나무 꼬치를 넉넉하게 준비해 주세요.

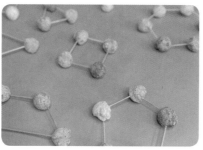

2 꼭짓점을 앵두 과자로, 모서리를 이쑤시개로 표현해서 활동지(67~71쪽)를 보면서 다양한 다각형을 만들어 주세요.

3 사각형에 같은 길이의 기둥을 세워 정육면체를 만들어 보세요. 다음으로는 긴 나무 꼬치를 이용해서 각기둥과 각뿔을 만들어 보세요.

4 완성한 입체도형은 교재 그림 위에 올려 두고 그림과 실물을 서로 비교하며 관찰해 보세요.

5 직접 만든 입체도형 또는 교재의 그림을 보며 꼭짓점과 모서리의 개수를 세어 교재에 적어 보세요.

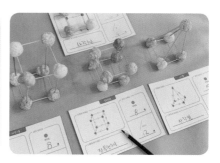

6 입체도형의 이름을 소리 내어 말해 보고, 교재에 글자로 써 보세요.

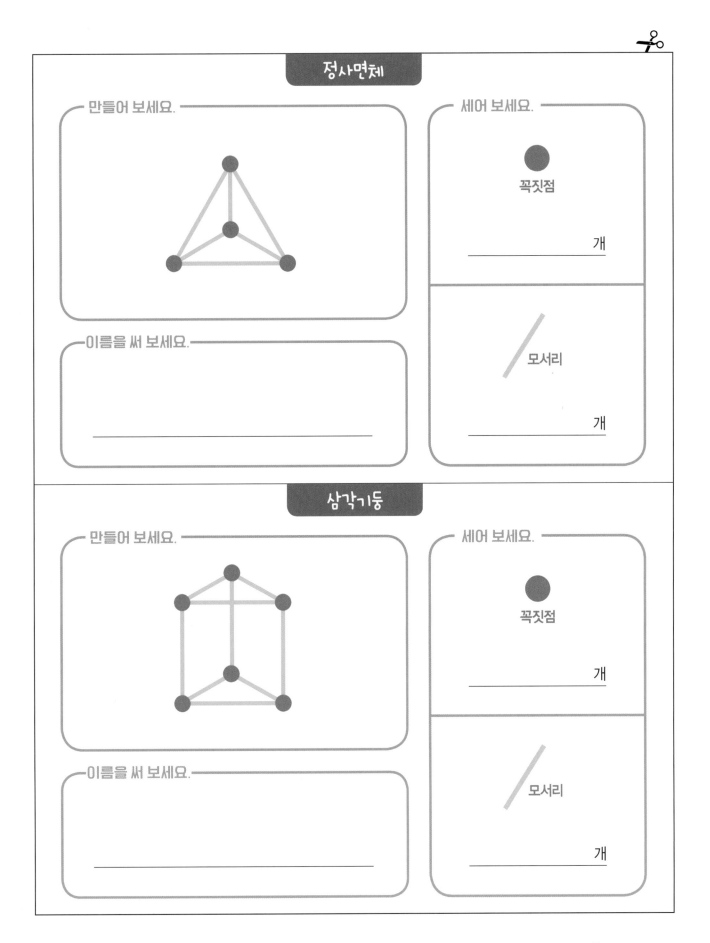

정사면체

만들어 보세요.

이름을 써 보세요.

_____

세어 보세요.

● 꼭짓점

_____ 개

╱ 모서리

_____ 개

삼각기둥

만들어 보세요.

이름을 써 보세요.

_____

세어 보세요.

● 꼭짓점

_____ 개

╱ 모서리

_____ 개

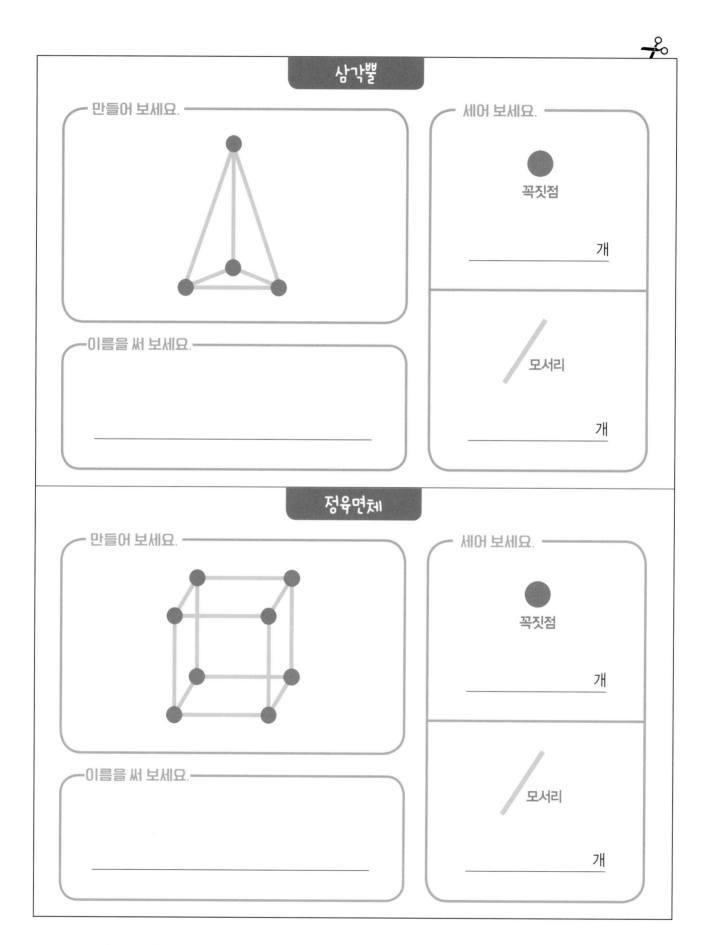

삼각뿔

만들어 보세요.

이름을 써 보세요.

세어 보세요.

꼭짓점

_____ 개

모서리

_____ 개

정육면체

만들어 보세요.

이름을 써 보세요.

세어 보세요.

꼭짓점

_____ 개

모서리

_____ 개

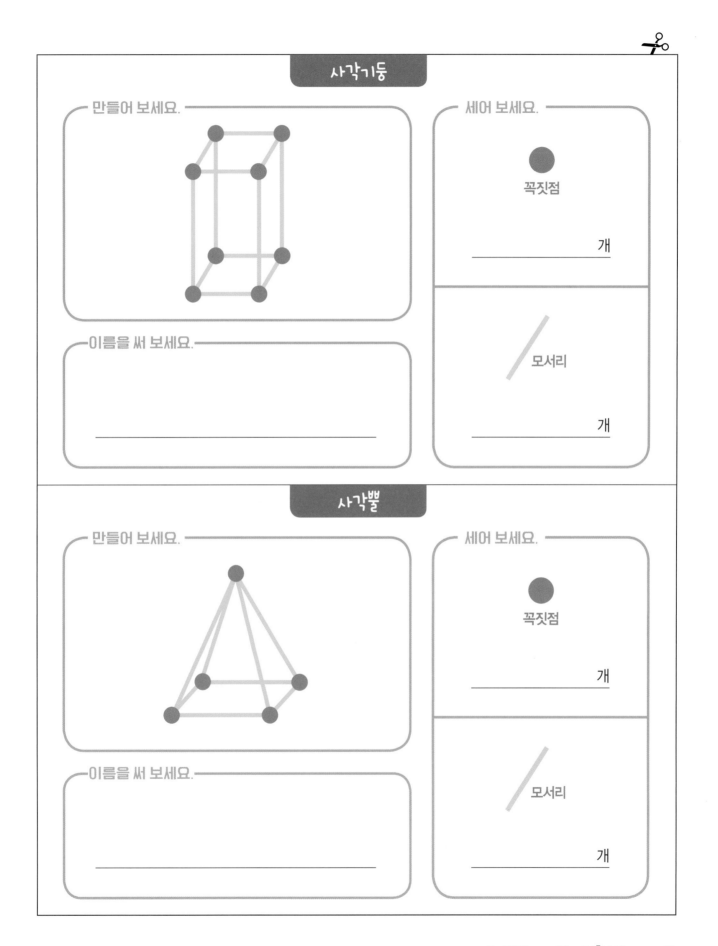

사각기둥

만들어 보세요.

이름을 써 보세요.

세어 보세요.

꼭짓점

_____ 개

모서리

_____ 개

사각뿔

만들어 보세요.

이름을 써 보세요.

세어 보세요.

꼭짓점

_____ 개

모서리

_____ 개

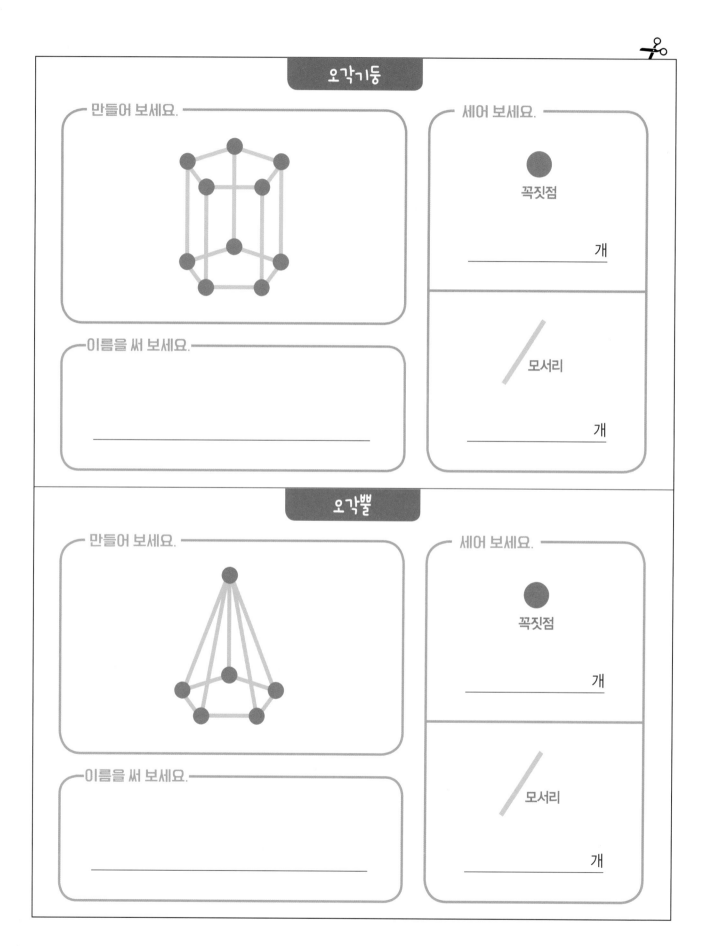

오각기둥

만들어 보세요.

이름을 써 보세요.

세어 보세요.

꼭짓점

_____ 개

모서리

_____ 개

오각뿔

만들어 보세요.

이름을 써 보세요.

세어 보세요.

꼭짓점

_____ 개

모서리

_____ 개

육각기둥

만들어 보세요.

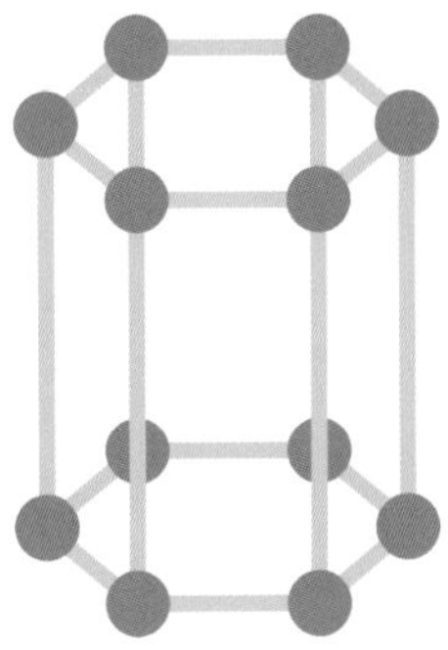

세어 보세요.

⬤

꼭짓점

_____ 개

／ 모서리

_____ 개

이름을 써 보세요.

_____

육각뿔

만들어 보세요.

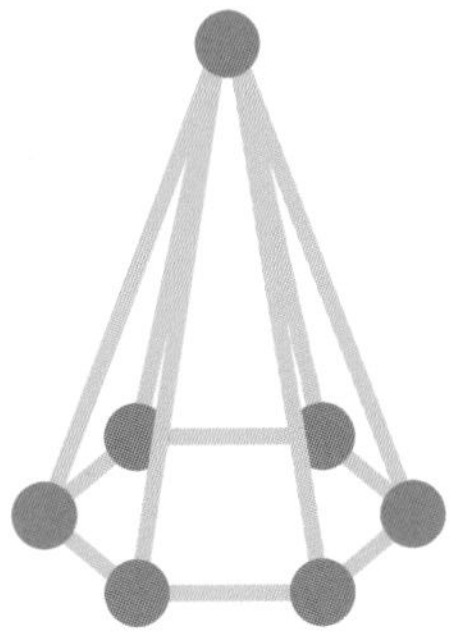

세어 보세요.

⬤

꼭짓점

_____ 개

／ 모서리

_____ 개

이름을 써 보세요.

_____

더 알아보아요

다음의 활동은 영재교육원에서 많이 하는 입체도형 만들기 놀이입니다. 앞에서 만들어 본 입체도형보다 조금 어려워요. 하지만 한 번 만들면 계속 보관할 수 있기 때문에 계속 입체도형을 관찰하고 살펴볼 수 있고, 입체에 대한 부피감을 이해할 수 있을 거예요. 활동 후에는 재미있는 게임도 해 보세요. 모빌로 만들어 걸어 두어도 좋습니다.

빨대와 모루를 이용해서 입체도형 만들기

준비물 빨대, 모루, 가위, 부록(111~113쪽)

1 빨대를 모두 같은 길이로 잘라 준비해요. 길게 자르면 커다란 도형이, 짧게 자르면 작은 도형이 만들어져요.

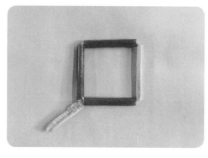

2 빨대 4개를 나란히 모루에 끼워 오므리면서 사각형을 만들어 보아요.

3 빨대를 3개 추가해서 옆면을 세우고 모루를 반대편으로 빼 주세요.

＊ 모루의 길이가 부족하면 서로 꼬아서 길이를 연장할 수 있어요.

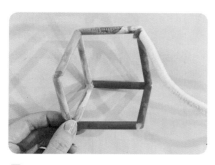

4 빨대를 두 개씩 더 추가해서 같은 방법으로 옆면을 세우고 만나는 빨대를 반대편으로 통과해요.

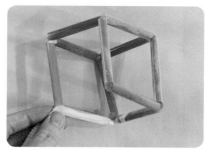

5 옆면이 모두 세워졌으면 윗면도 마무리해요.

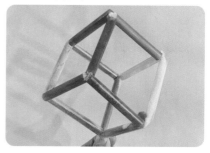

6 튀어나온 모루들은 모서리를 한 번씩 감은 다음, 가위로 잘라 완성해요.

응용 같은 방법으로 다양한 정다면체를 만들어 볼 수 있어요.

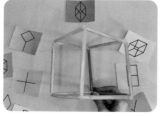

게임 정육면체를 납작하게 변형해서 부록(111~113쪽)의 도형 게임 카드의 모양과 똑같이 만들어 보아요.

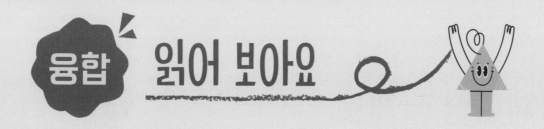

Antony Gormley 앤터니 곰리

앤터니 곰리는 영국에서 가장 영향력 있는 조각가 중 한 명이에요. 곰리는 동양 철학에 관심이 많아 예술과 함께 불교를 공부했어요. 또한 곰리는 신체에 관심이 많아서 사람을 주제로 다양한 작품을 만들었답니다. 곰리는 자신의 몸을 기초로 전신 조각상을 만들었어요. 조각상들은 앉고, 기대고, 웅크리고, 우뚝 서 있는 등 다양한 자세를 취하고 있어요.

재료는 주로 철과 납을 많이 사용하였어요. 곰리의 작품들은 입체적이지만 기본의 조형 요소인 점, 선, 면이 모두 생생하게 살아 있어요. 철사를 짧게 잘라 점으로 사용하기도 했고, 다양한 길이로 잘라서 연결하여 입체를 만들기도 했어요. 곡선으로만 만들어진 입체 조각품도 있습니다. 철판을 이용해서 작은 면을 표현하고, 이 면들을 모아 사람의 인체를 표현한 작품도 아주 멋져요. 곰리는 특히 미술관의 한정된 공간을 벗어나서 대자연과 도심 속 야외 공간에 거대한 크기의 공공 작품을 전시했어요. 앤터니 곰리의 작품은 해변, 벌판, 눈밭, 도시, 빌딩 옥상, 고속도로 등 정말 다양한 곳에 설치되었답니다.

6. 입체도형 전개도

QR코드를 찍으면 더 자세한 내용을 확인할 수 있어요.

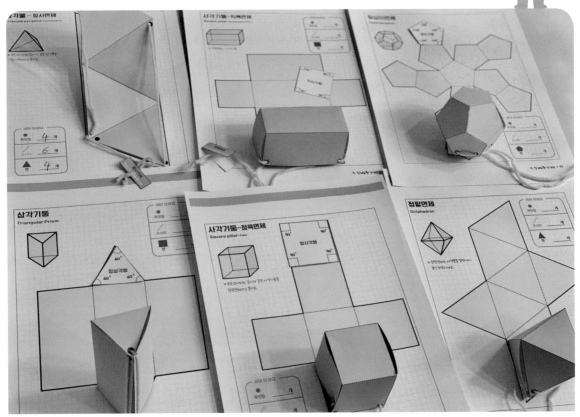

앞에서 배운 입체도형을 열어서 펼쳐 놓으면 납작한 입체도형 전개도가 돼요. 입체모형 전개도를 점선을 따라 접고, 실선 부분이 서로 만나도록 조립하면 다시 입체도형이 됩니다. 이때 테이프 또는 풀을 사용하지 않고 실을 시용하면 전개도를 펼쳤다가 다시 조립했다가 반복할 수 있어요. 앞에서 배운 것처럼 밑면의 모양에 따라서 입체도형 전개도의 이름도 바뀌어요. 각 전개도의 밑면과 옆면이 어떻게 구성되어 있는지 잘 살펴보세요.

● 교과 내용 ●

핵심 개념	내용 요소	학년	성취 기준
입체도형	▪여러 가지 입체도형의 전개도	5~6학년	▪여러 가지 입체도형의 전개도를 알아보고 직접 조립해 본다.

개념 이해해 보아요

◆ 활동 설명　각기둥과 각뿔 알아보기

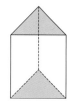 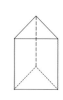

삼각기둥

1. 색칠된 밑면이 어떤 모양 인지 살펴보세요.

2. 기둥 모양인지, 뿔 모양 인지 살펴보세요.

3. 옆면이 어떤 모양인지 살펴보세요.

4. 이름을 따라 써 보세요.

◆ 활동 카드　선을 따라 오리면 도형 카드로 사용할 수 있고, 뒷면과 함께 활용 가능해요.

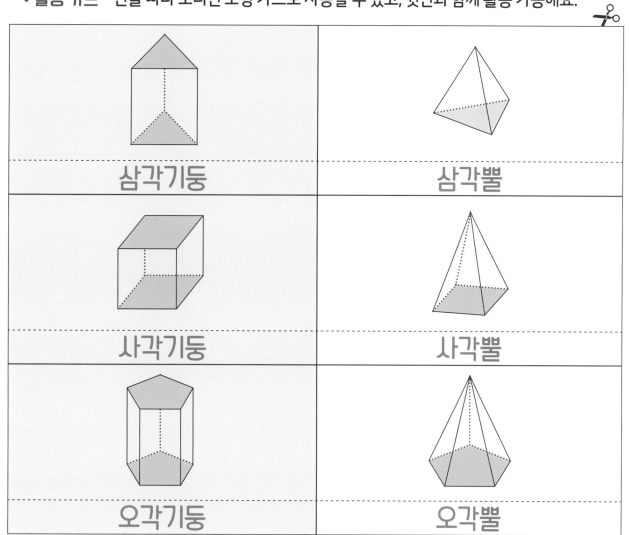

삼각기둥

삼각뿔

사각기둥

사각뿔

오각기둥

오각뿔

준비물
필기도구, 가위

◆ **활동 설명** 입체도형의 전개도 알아보기

각기둥은 밑면의 모양에 따라 삼각기둥, 사각기둥, 오각기둥이라고 불러요. 옆면이 네모 모양의 사각형으로 둘러싸인 기둥 모양의 도형이에요. 각뿔도 밑면의 모양에 따라 삼각뿔, 사각뿔, 오각뿔이라고 불러요. 옆면이 세모 모양의 삼각형으로 둘러싸여 한쪽 끝이 뾰족한 뿔 모양이에요. 입체도형을 열어서 펼쳐 놓은 전개도를 그리는 방법은 다양해요. 하지만 전개도에서 밑면과 옆면을 찾아보면 입체도형의 이름을 쉽게 알 수 있어요. 아래 전개도를 보고 어떤 입체도형의 전개도인지 이름을 써 보세요.

◆ **활동 카드** 선을 따라 오리면 도형 카드로 사용할 수 있고, 뒷면과 함께 활용 가능해요.

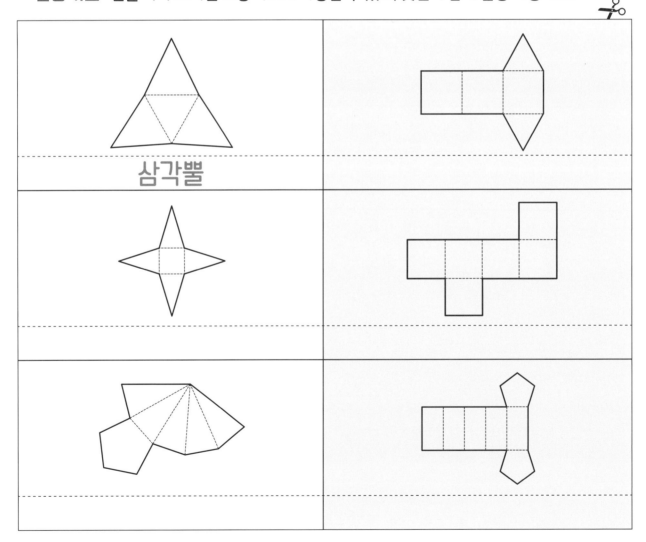

만들어 보아요

◆ **활동 설명** 입체도형의 전개도 만들기

실을 잡아당기면 자동으로 조립되는 입체도형의 전개도를 만들어 볼 거예요. 직접 부록(115~128쪽)의 전개도를 가위로 오리고, 접어서 만들어 보세요. 전개도의 모양이 어떻게 생겼는지, 어떤 다각형들이 모여서 만들어졌는지 꼼꼼하게 살펴보세요. 실을 천천히 잡아당기면서 조립되는 모습을 살펴보세요. 면, 꼭짓점, 모서리의 수를 세어 보고 책에 적어 보면서 입체도형 전개도의 모양을 익혀요.

◆ **활동 방법**

1 부록(115~128쪽)의 전개도 도안을 가위로 오리고, 점선을 따라 모두 접었다가 다시 펴 주세요.

＊반듯하게 꼭꼭 눌러 접어 주면, 나중에 조립이 쉬워요.

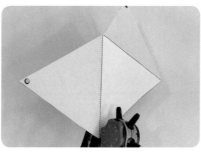

2 동그라미가 표시된 곳에 펀치(또는 송곳)으로 구멍을 뚫어요.

3 도안에 표시된 순서에 따라 실을 끼운 뒤, 도형 이름 카드를 실 끝에 붙여요.

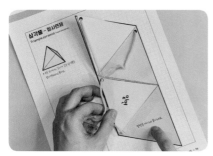

4 교재의 밑면 붙이는 곳에 부록 전개도 도안의 밑면이 서로 만나도록 풀(또는 양면테이프)로 붙여요.

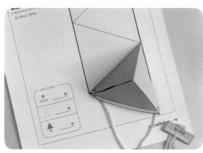

5 입체도형 전개도의 실을 잡아당기면 입체도형이 저절로 조립되어 만들어져요.

＊활동 후에는 전개도를 다시 펴서 보관할 수 있어요.

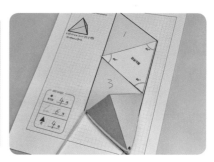

6 어떤 모양의 평면도형 몇 개가 모여 입체도형이 되었나요? 면, 꼭짓점, 모서리의 수를 세어 보고 적어 보세요.

삼각기둥

Triangular Prism

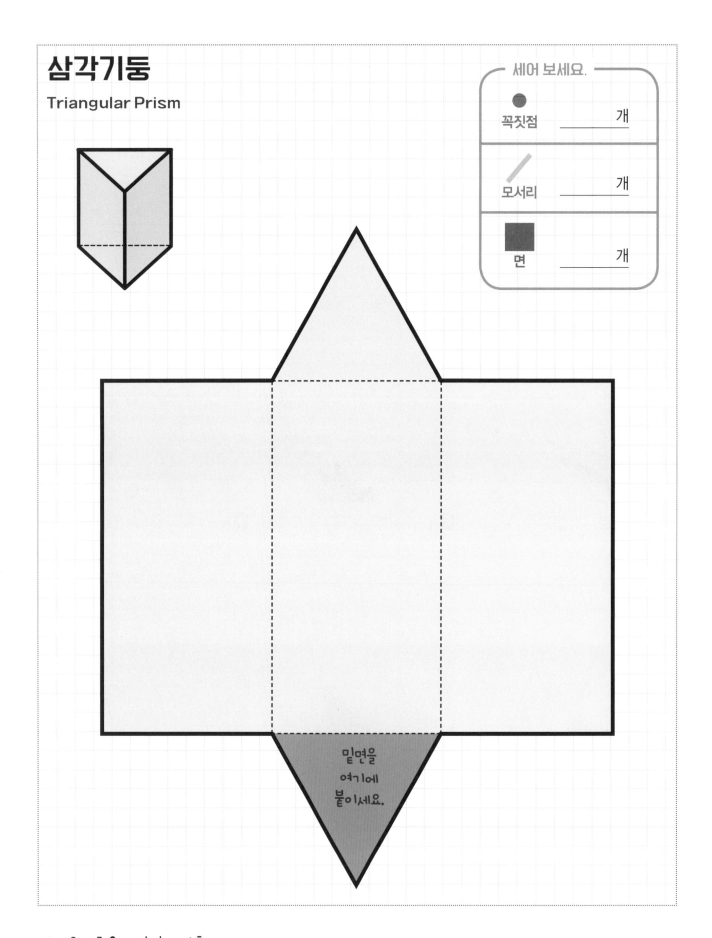

밑면을
여기에
붙이세요.

삼각뿔-정사면체

Triangle pyramid-Testrahedron

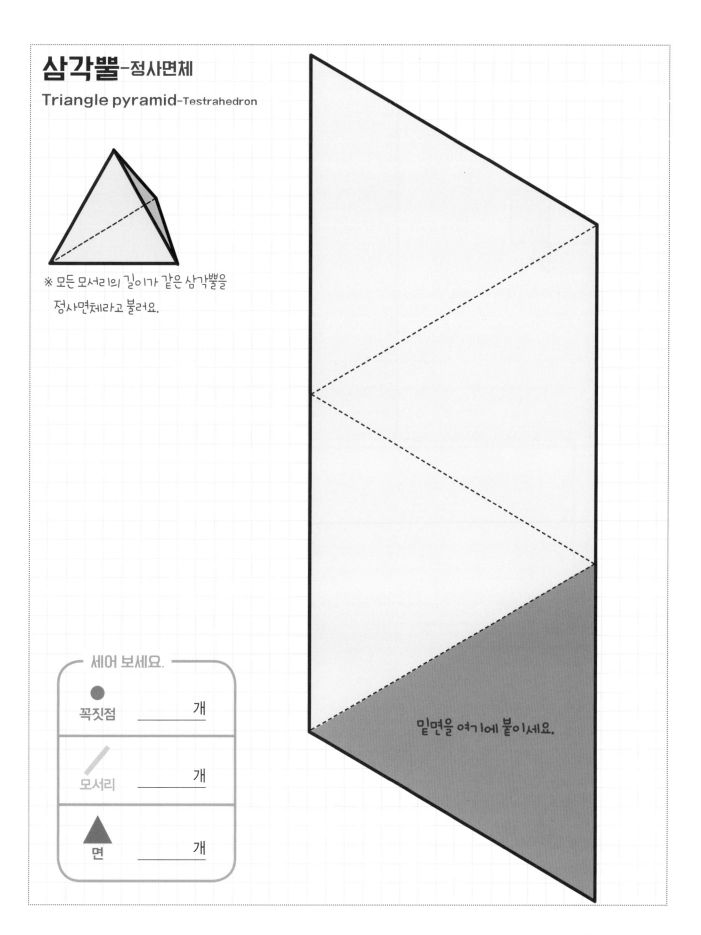

※ 모든 모서리의 길이가 같은 삼각뿔을
정사면체라고 불러요.

세어 보세요.

● 꼭짓점	_____ 개
/ 모서리	_____ 개
▲ 면	_____ 개

밑면을 여기에 붙이세요.

사각기둥-정육면체
Square pillar-Cube

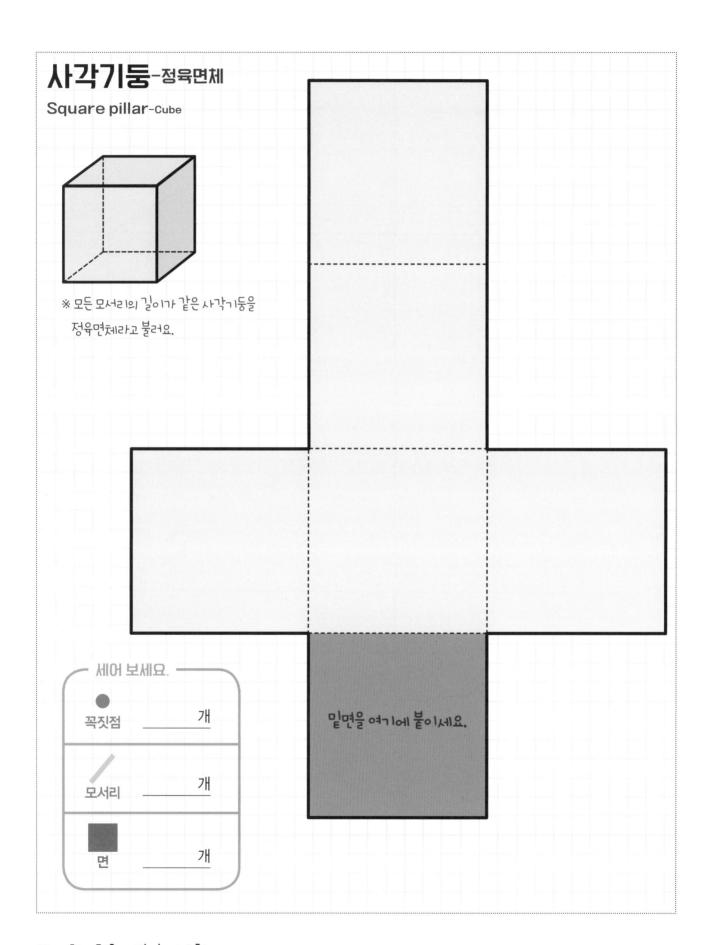

※ 모든 모서리의 길이가 같은 사각기둥을
  정육면체라고 불러요.

세어 보세요.

꼭짓점 _____ 개

모서리 _____ 개

면 _____ 개

밑면을 여기에 붙이세요.

사각기둥-직육면체

Square pillar-Rectangular Prism

※ 직육면체 = 사각기둥

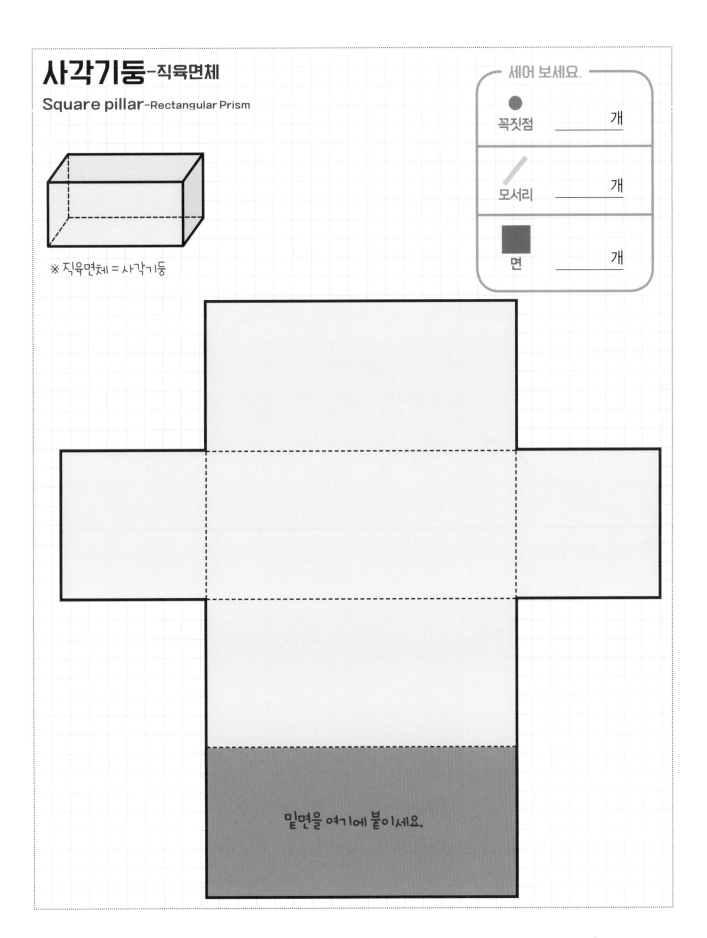

밑면을 여기에 붙이세요.

정팔면체

Octahedron

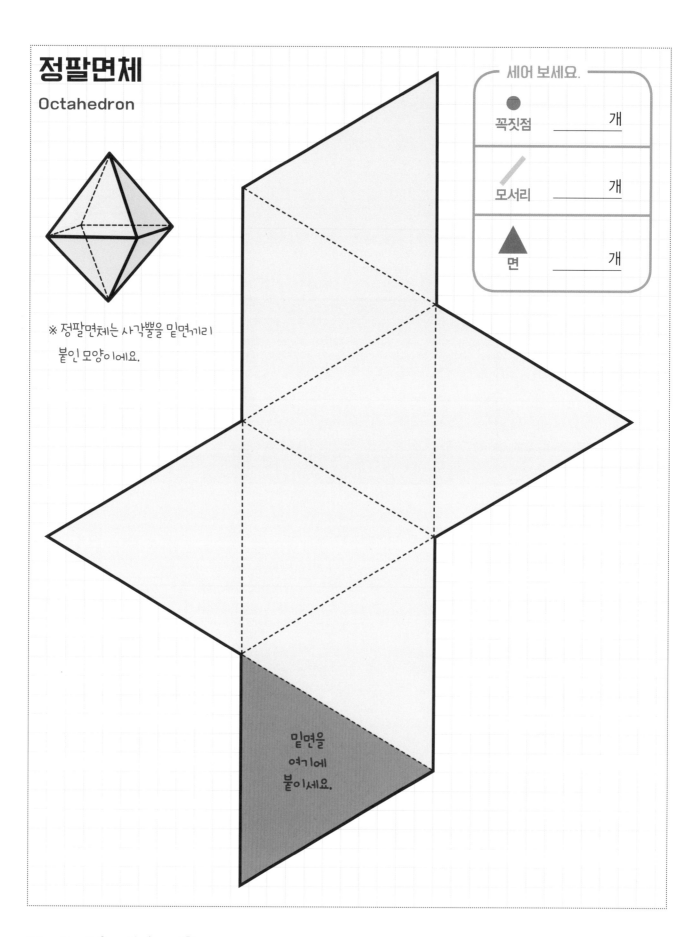

※ 정팔면체는 사각뿔을 밑면끼리 붙인 모양이에요.

세어 보세요.

● 꼭짓점 _____ 개

／ 모서리 _____ 개

▲ 면 _____ 개

밑면을
여기에
붙이세요.

정십이면체

Dodecahedron

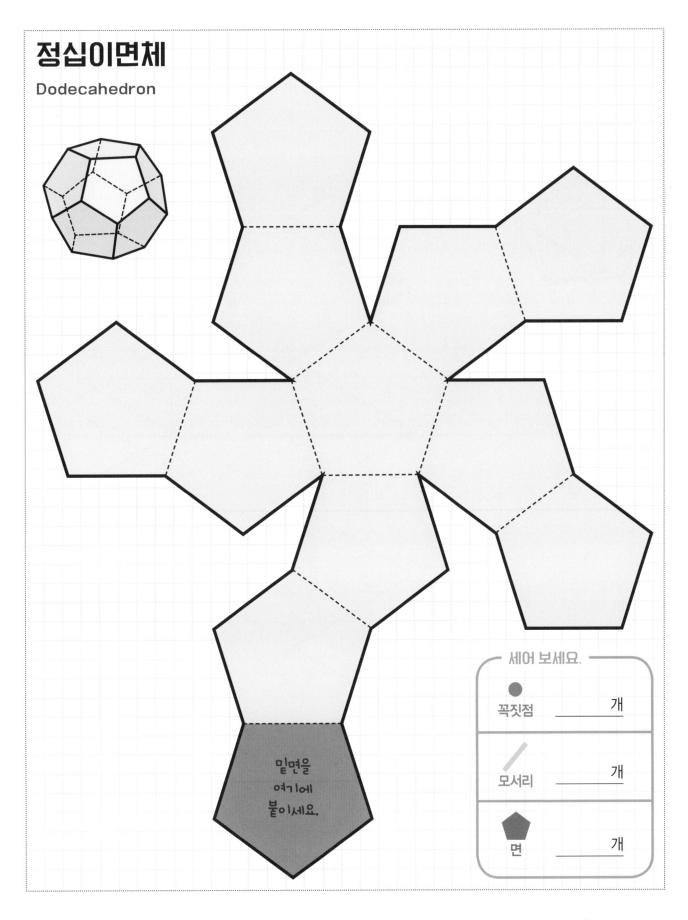

밑면을
여기에
붙이세요.

세어 보세요.

● 꼭짓점 _____ 개

／ 모서리 _____ 개

⬟ 면 _____ 개

정이십면체

Icosahedron

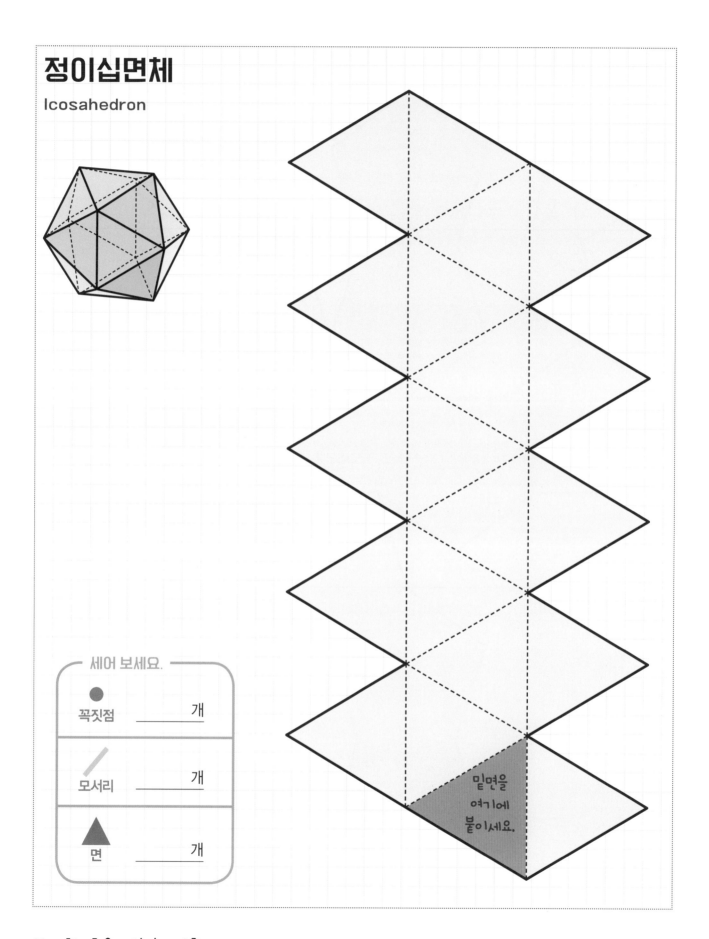

세어 보세요.

● 꼭짓점 _____ 개

╱ 모서리 _____ 개

▲ 면 _____ 개

밑면을
여기에
붙이세요.

확장 더 알아보아요

부록(115~128쪽)의 전개도로 만든 입체도형은 책에 붙여도 좋지만, 붙이지 않고 그대로 걸어서 모빌로 사용할 수 있어요. 빨대를 사용하면 더욱 균형 잡힌 모빌을 만들 수 있어요. 집에 있는 다양한 입체 물체 또는 교구를 활용해서 단면 찍기를 해 보세요. 클레이 또는 물감을 사용할 수 있고, 어떤 모양의 다각형이 모여서 입체도형을 만들었는지 알 수 있어요.

입체 모빌 만들기
준비물 : 빨대, 실(낚시줄), 펀치(송곳)

1 앞서 만든 입체 모형은 실이 있어서 걸면 바로 모빌이 돼요.

2 벌어지는 부분을 테이프로 붙여 주면 더욱 단단한 입체도형을 만들 수 있어요.

3 빨대를 이용해서 모빌 걸이를 만들 수 있어요.

입체 교구 단면 찍기
준비물 : 입체도형, 점토, 밀대

1 밀대로 점토를 납작하게 밀어요.

2 입체도형의 밑면과 옆면을 한 번씩 클레이 위에 찍어요.

3 입체도형의 밑면과 옆면이 어떤 평면도형인지 부록의 도형 카드에서 찾아요.

4 조각칼이나 자로 도형을 잘라 내요.

5 입체도형에 잘라 낸 클레이를 올려 봐요.

＊ 점토 대신 물감을 사용해서 단면을 종이에 찍어 봐도 좋아요.

Anish Kapoor 아니시 카푸어

아니시 카푸어는 인도에서 태어나서 영국에서 주로 작품 활동을 하고 있어요. 대학에서 전자공학을 공부하던 카푸어는 6개월 만에 그만두고 예술가가 되기로 결심했어요. 지금 아니시 커푸어는 세계 미술계가 주목하는 가장 영향력 있는 영국의 조각가가 되었답니다.

아니시 커푸어는 초기에 돌을 이용해서 다양한 도형 작품을 만들었어요. 최근에는 거울처럼 반사되는 스테인리스 스틸을 사용해서 거대한 입체도형 작품을 만들고 있어요. 스테인리스 재질은 주변의 물건을 왜곡하고 반사해서 보여 주는 특성이 있어요. 아니시 카푸어의 가장 대표적인 작품은 미국 시카고의 밀레니엄 공원에 있는 〈구름문〉이에요. 하늘, 구름, 땅을 반사하고 왜곡해서 보여 주기 때문에 날씨에 따라서 작품의 분위기가 시시각각 변해요.

부록

부록

1. 각도 돌림판

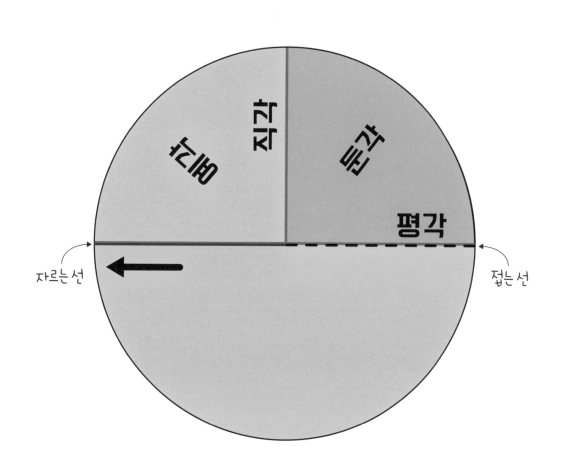

2. 다각형 카드

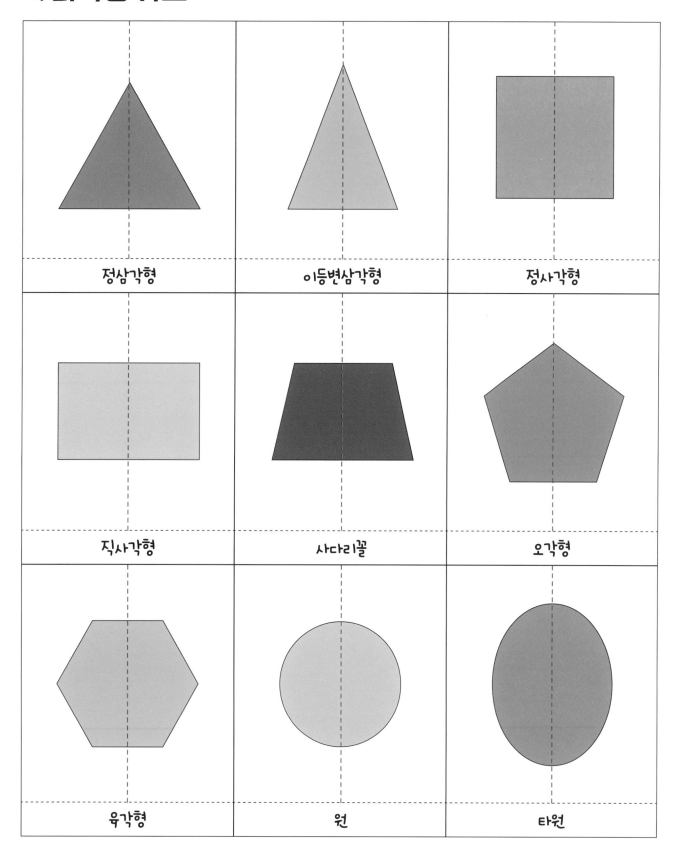

정삼각형	이등변삼각형	정사각형
직사각형	사다리꼴	오각형
육각형	원	타원

3. 다각형 한 번에 오리기

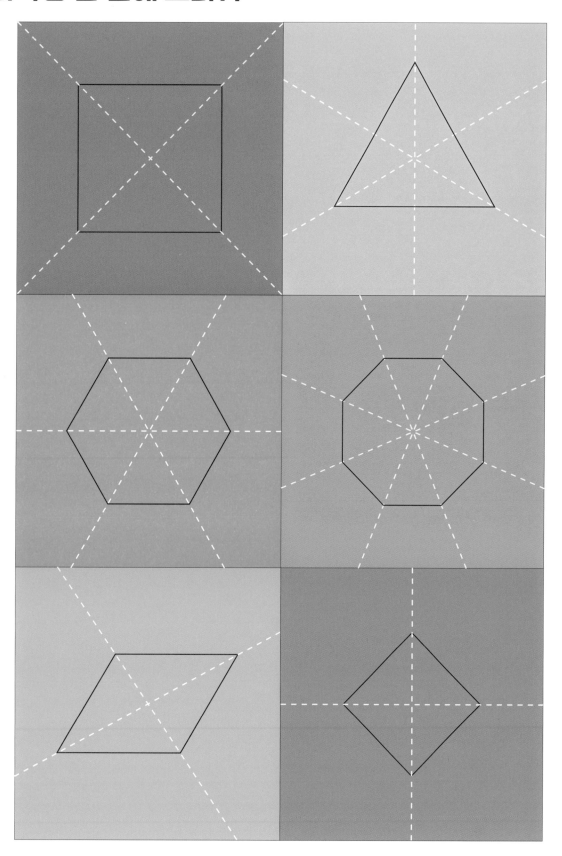

4. 도형 퍼즐 카드

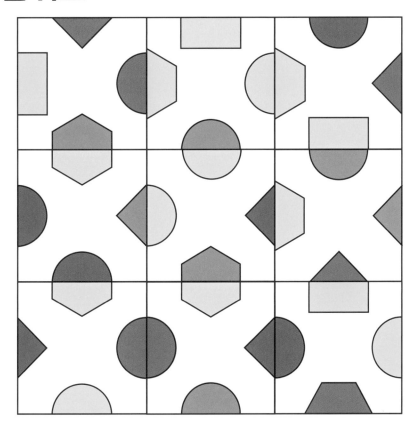

5. 대칭 도형

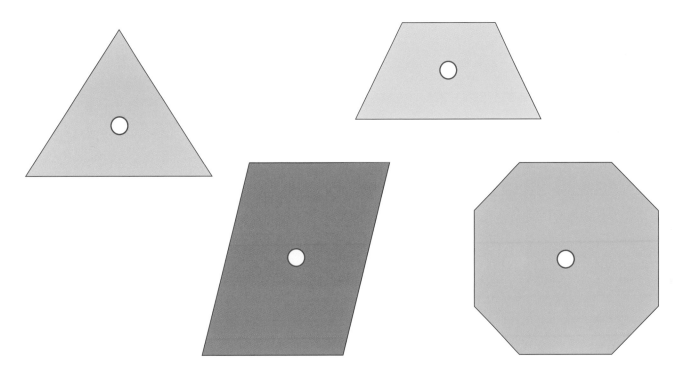

부록

6. 도형 밀기 ①

※ 도형을 직접 그려 보고, 99쪽에 밀어 본 결과를 색연필로 그려 보세요.

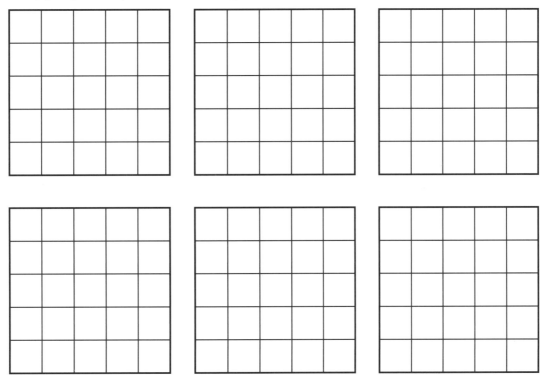

6. 도형 밀기 ②

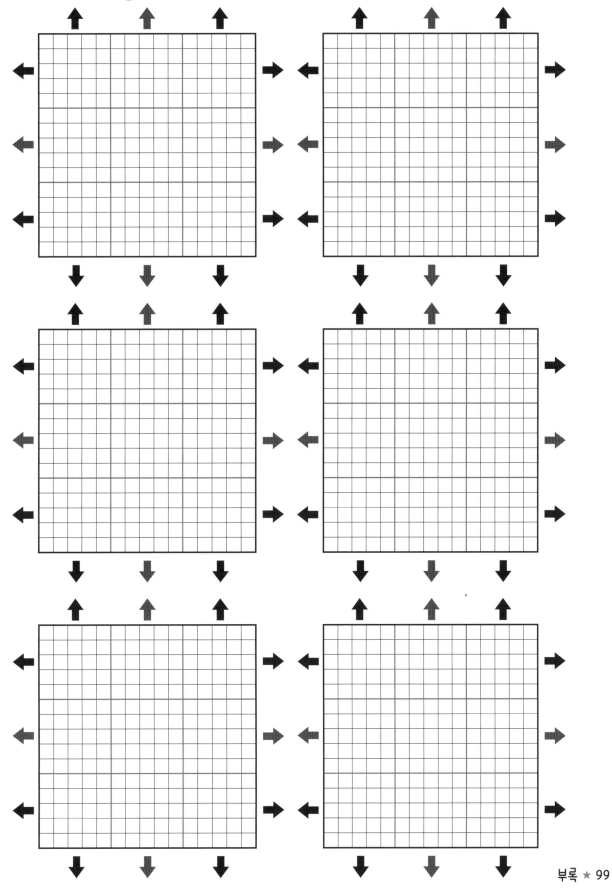

부록

7. 도형 뒤집기

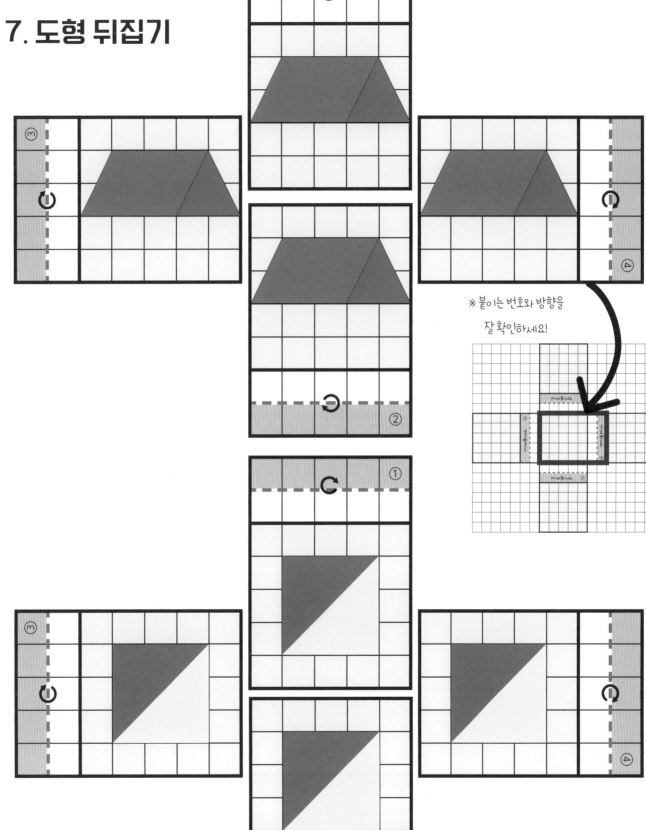

※ 붙이는 번호와 방향을
잘 확인하세요!

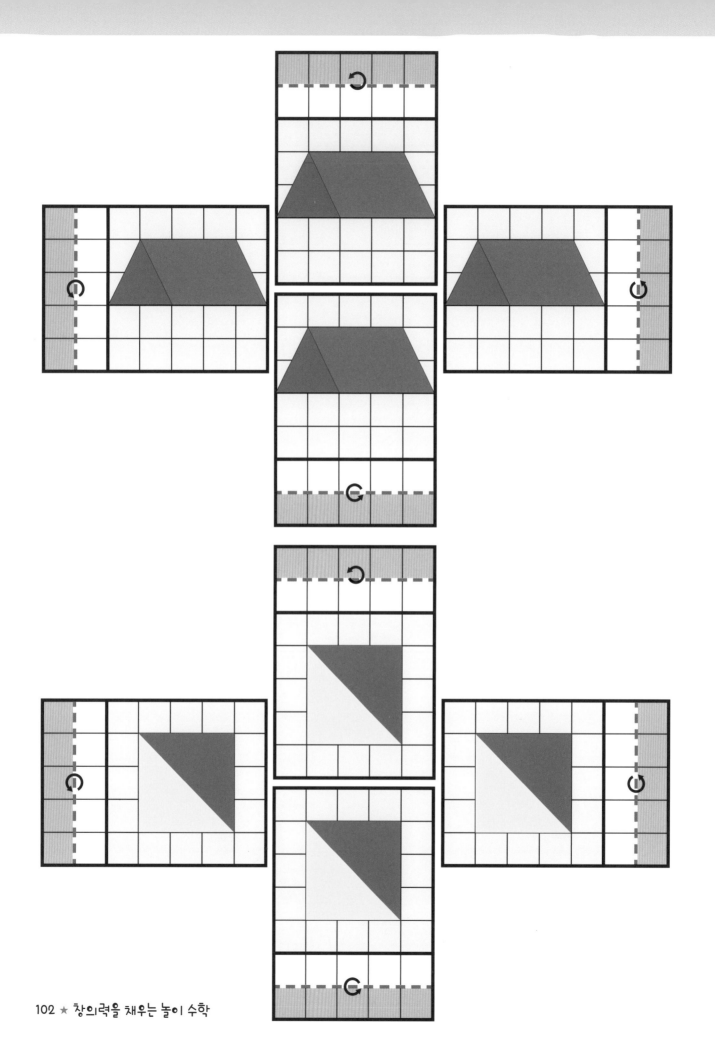

8. 도형 돌리기 ①

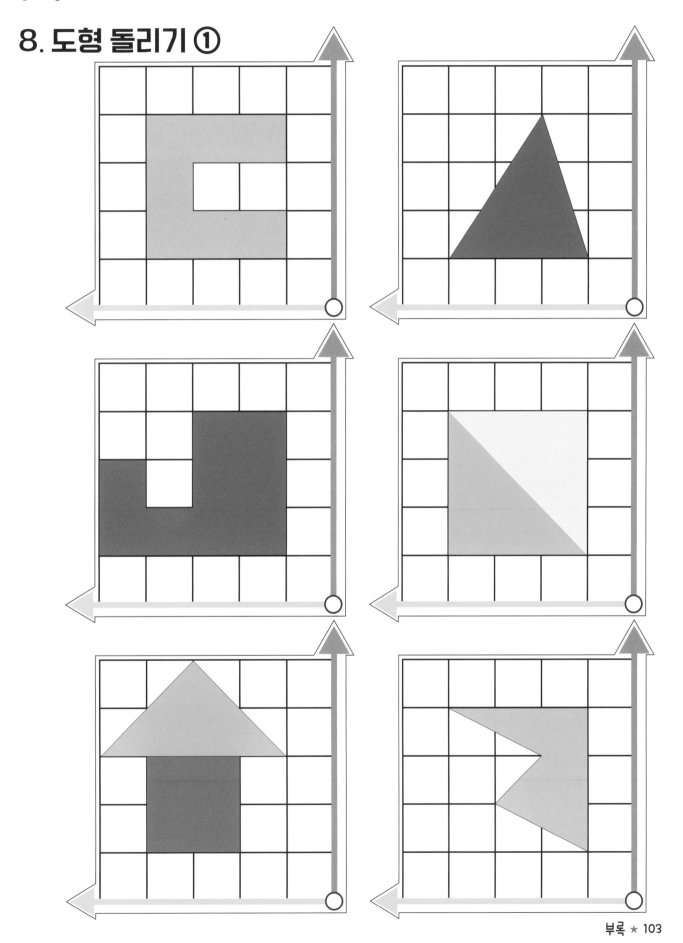

8. 도형 돌리기 ②

※ 이번에는 돌려 볼 도형을 직접 그려 보고, 107쪽에 돌려 본 결과를 색연필로 그려 보세요.

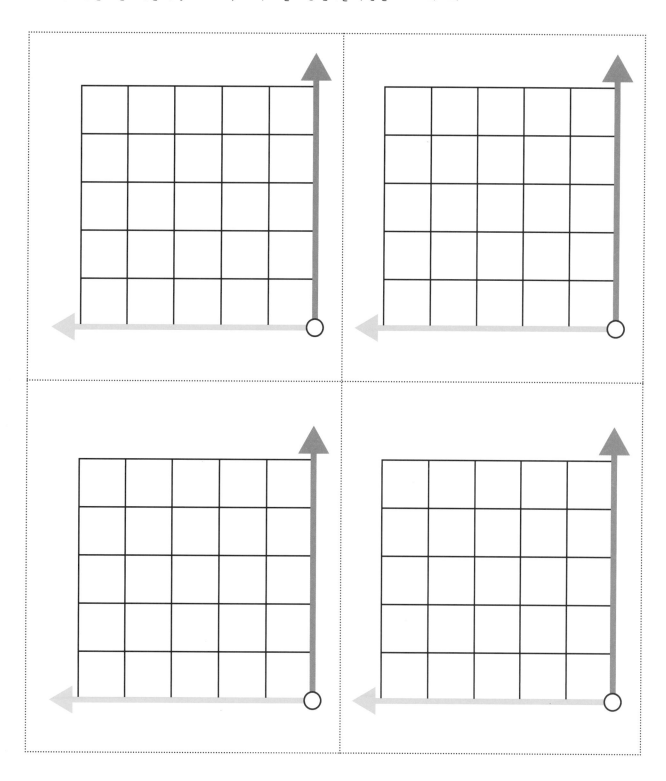

부록

8. 도형 돌리기 ③

※ 105쪽에서 직접 만든 도형을 돌려 보고 결과를 색연필로 그려 보세요.

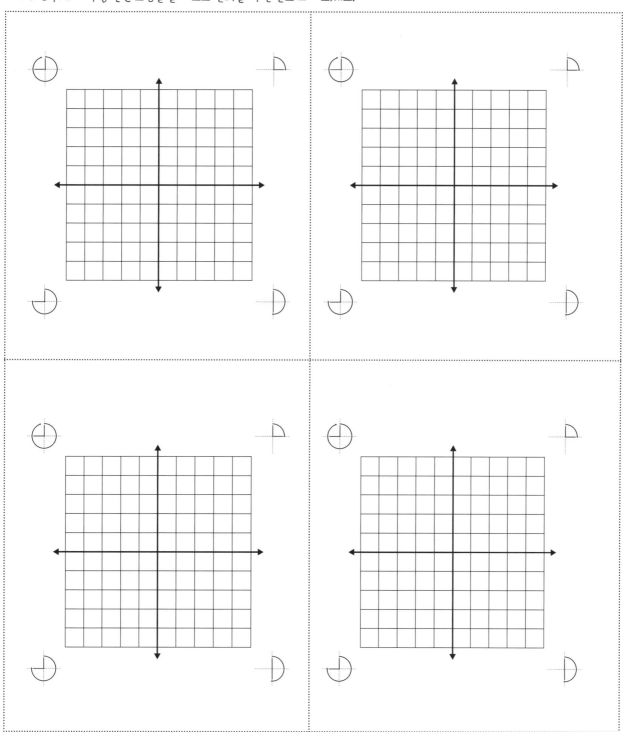

부록

9. 테셀레이션

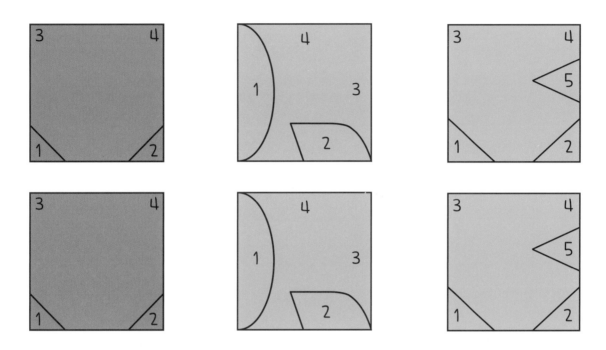

※ 색종이에 직접 그려 나만의 테셀레이션을 만들어 보세요.

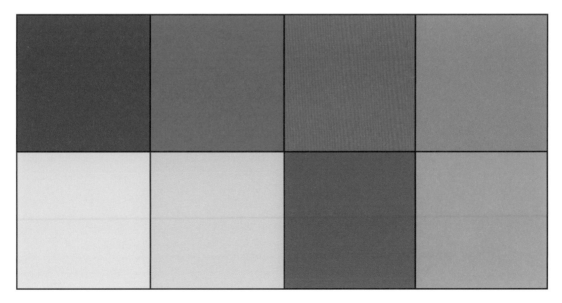

10. 도형 게임 카드 ①

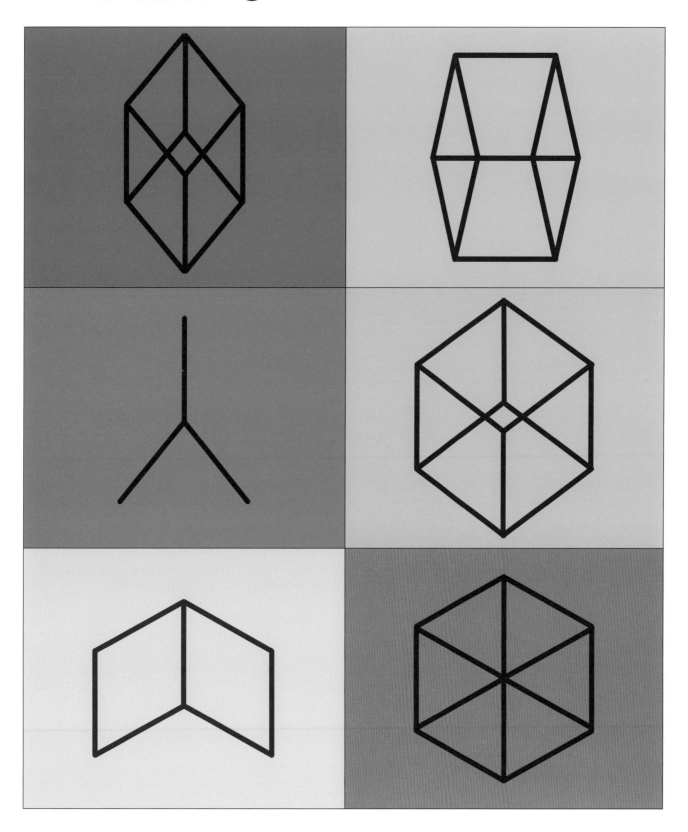

10. 도형 게임 카드 ②

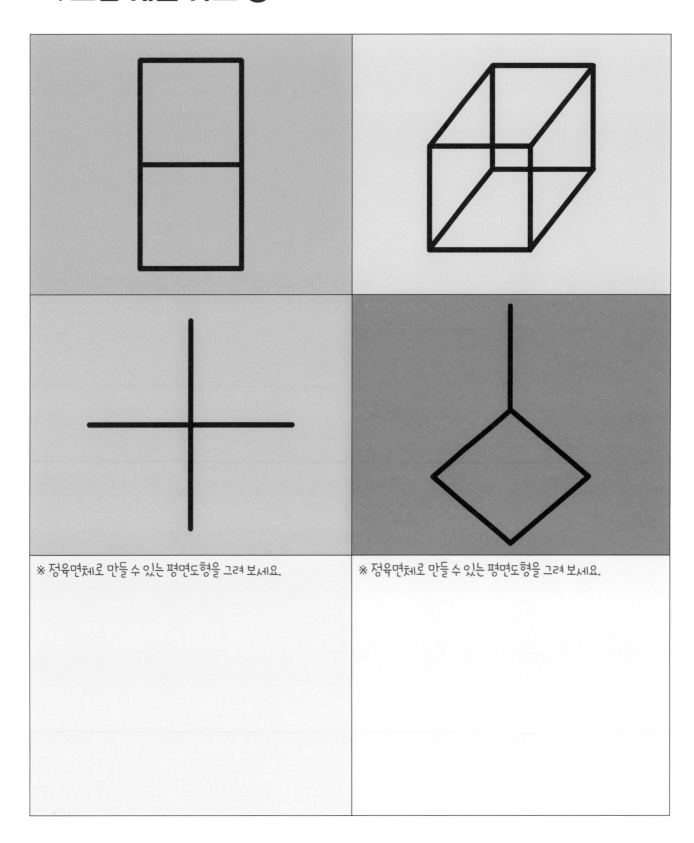

※ 정육면체로 만들 수 있는 평면도형을 그려 보세요.

※ 정육면체로 만들 수 있는 평면도형을 그려 보세요.

부록

11. 전개도 ①

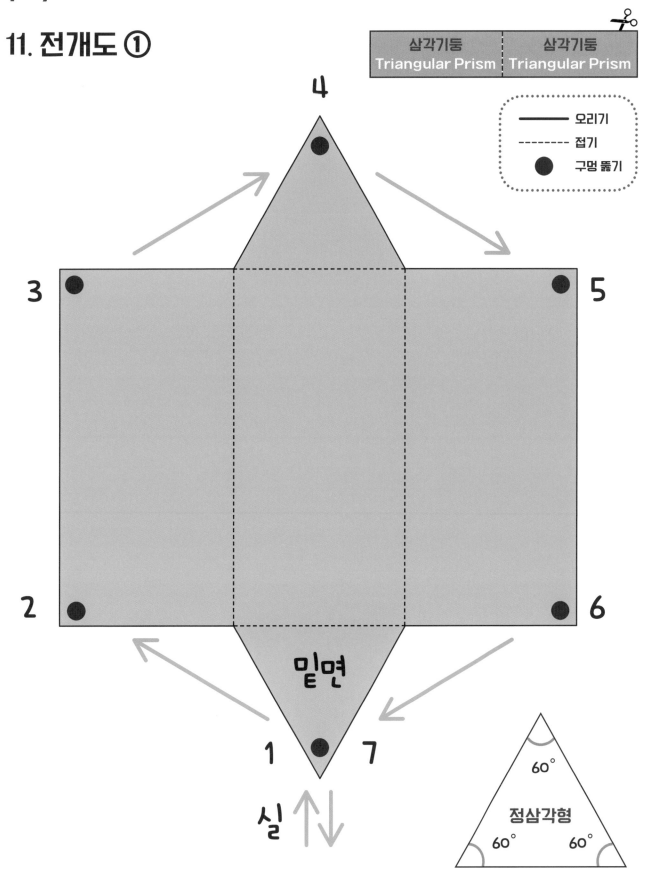

오리기
접기
● 구멍 뚫기

밑면

실

정삼각형
60°
60° 60°

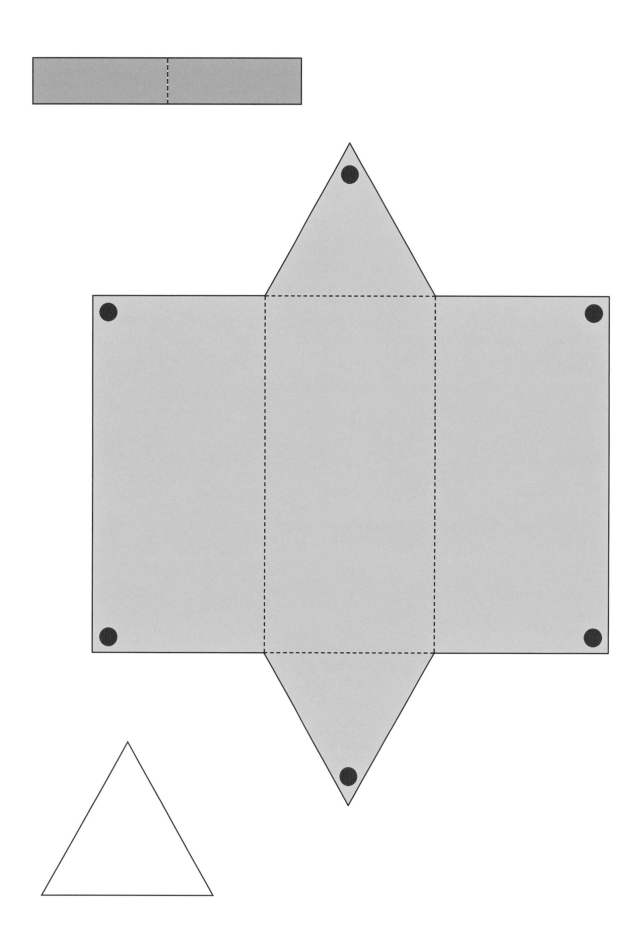

11. 전개도 ②

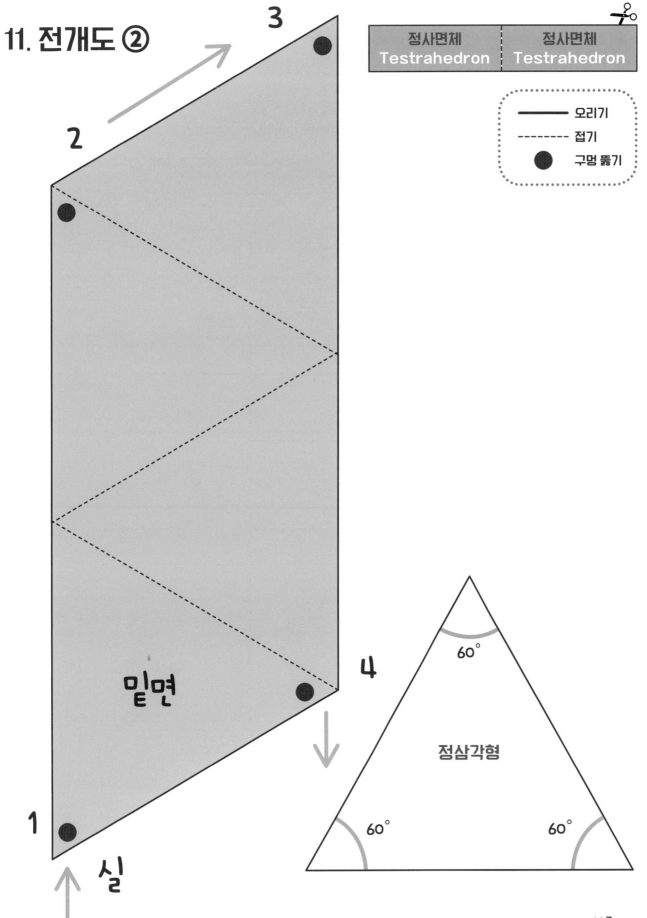

정사면체 Testrahedron	정사면체 Testrahedron

———	오리기
-------	접기
●	구멍 뚫기

밑면

실

정삼각형

60°

60°

60°

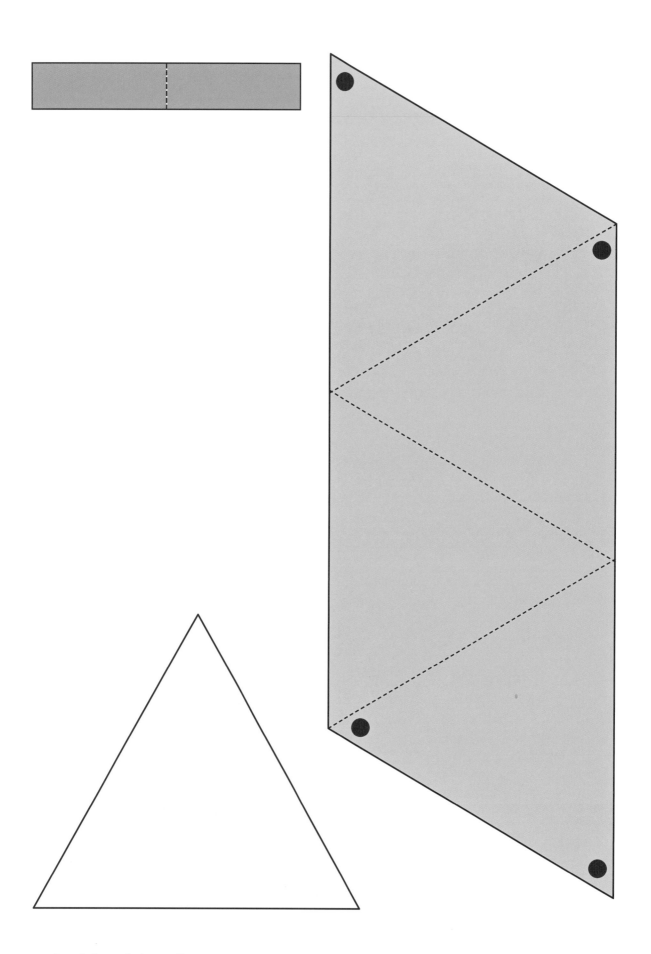

부록

11. 전개도 ③

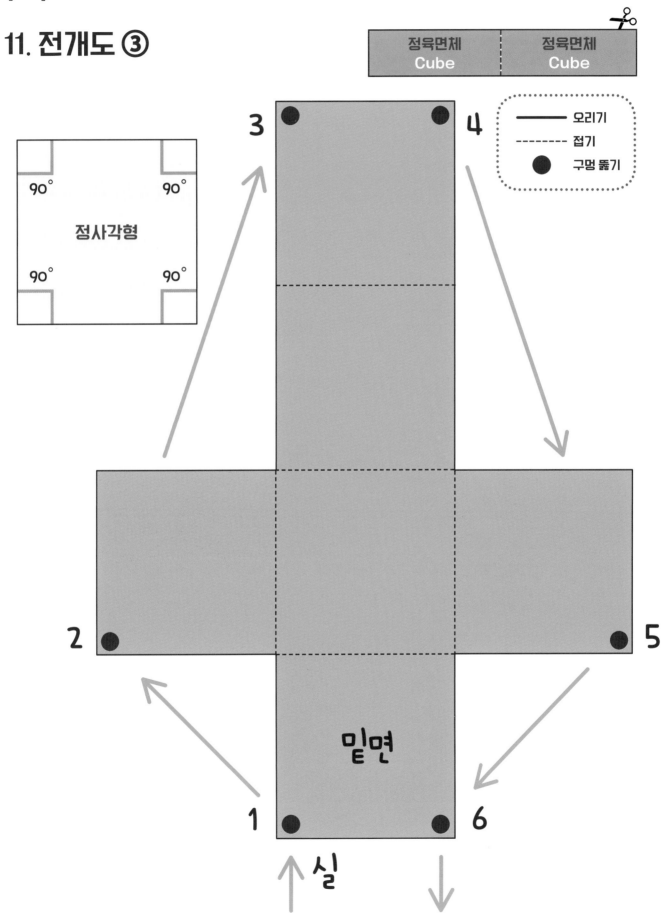

정사각형

90°　　90°

90°　　90°

오리기
접기
구멍 뚫기

3　　　4

2　　　5

밑면

1　　　6

실

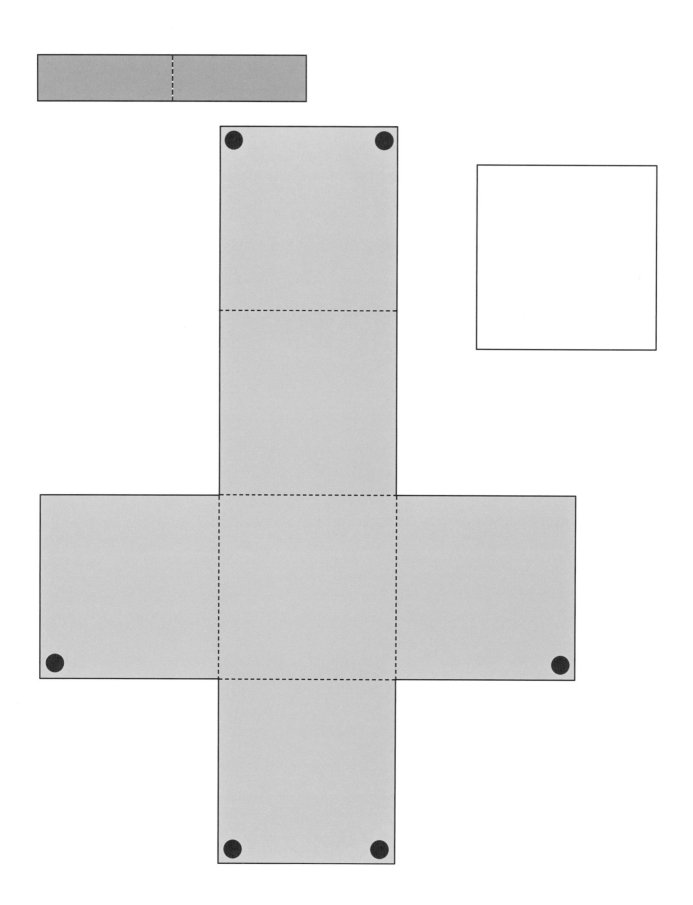

부록

11. 전개도 ④

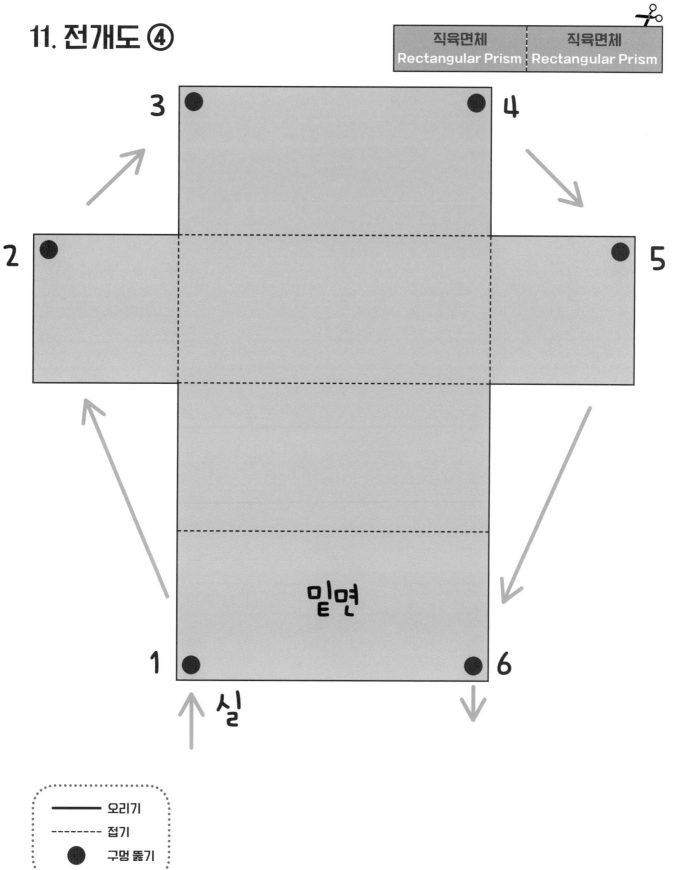

3
4
2
5
1
6
밑면
실

오리기

------- 접기

● 구멍 뚫기

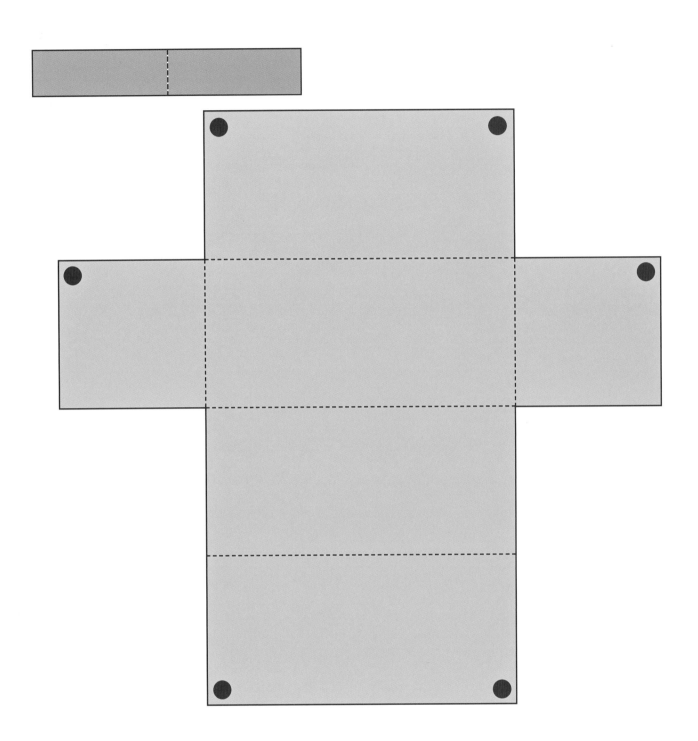

11. 전개도 ⑤

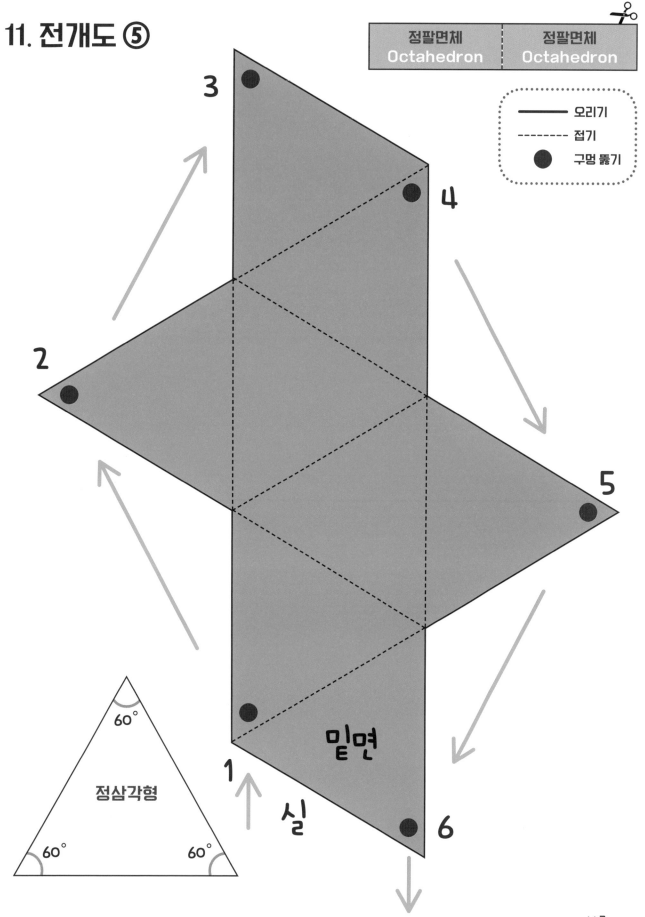

오리기
접기
구멍 뚫기

3

4

2

5

정삼각형

60°

60°   60°

1   실   밑면   6

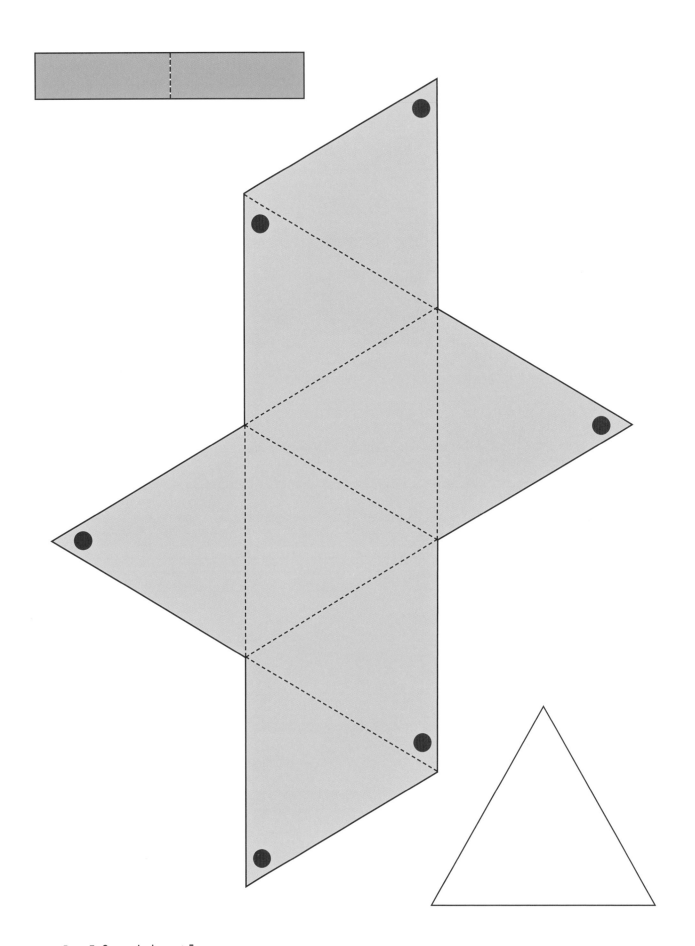

11. 전개도 ⑥

정십이면체 Dodecahedron	정십이면체 Dodecagedron

- ——— 오리기
- - - - - 접기
- ● 구멍 뚫기

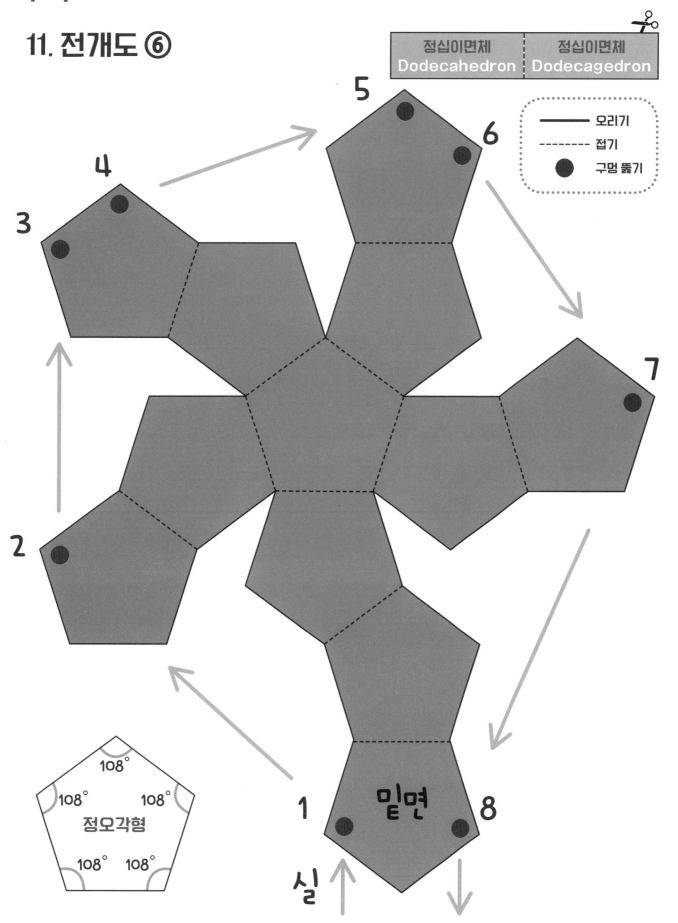

5

6

4

3

7

2

1

밑면

8

실

108°

108°   108°

정오각형

108°   108°

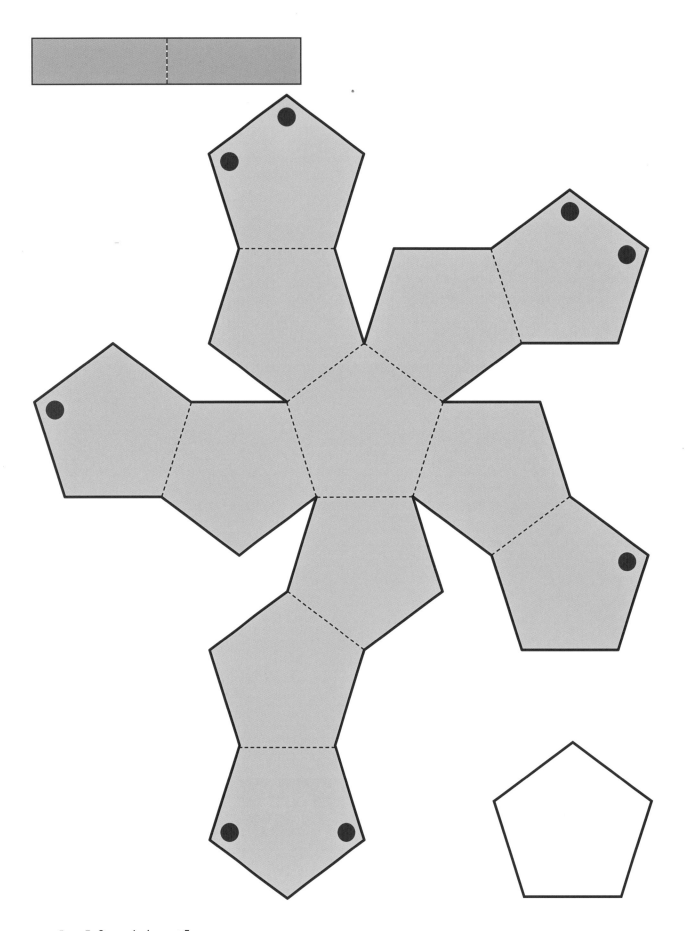

11. 전개도 ⑦

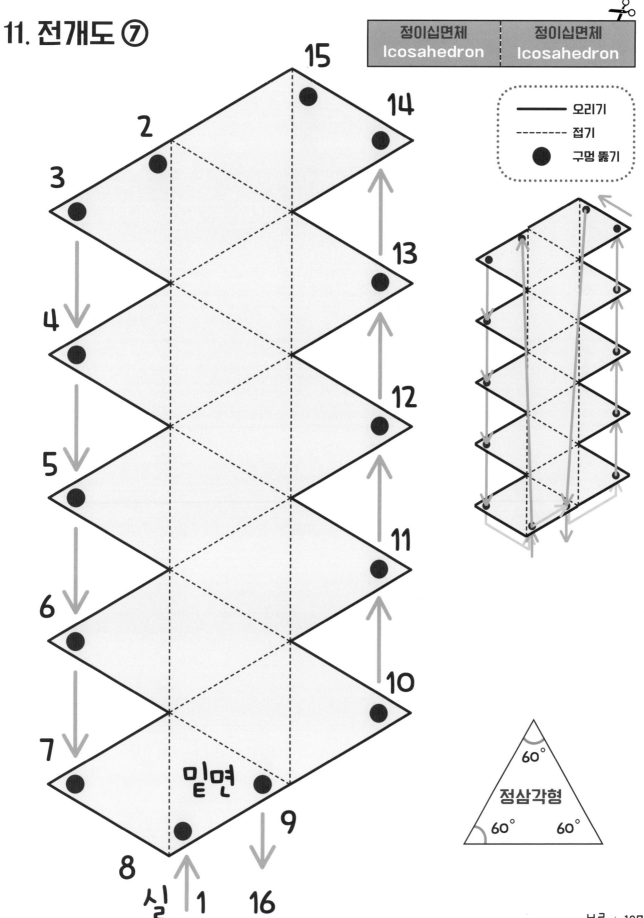

정이십면체 Icosahedron	정이십면체 Icosahedron

오리기
접기
● 구멍 뚫기

밑면

실

정삼각형
60°
60° 60°

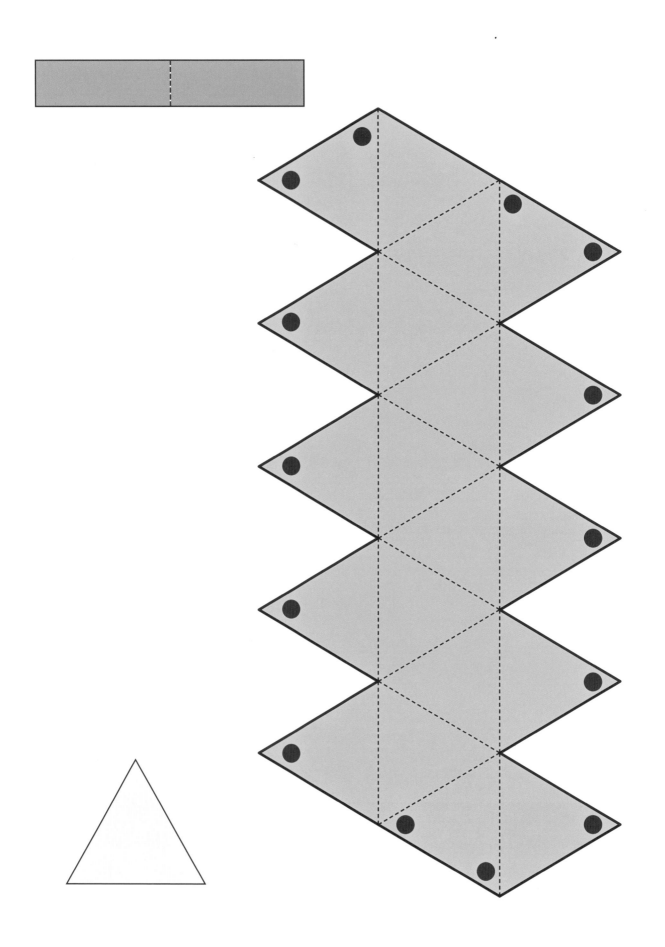

부록

12. 스티커